U0184139

山东地区佛教建筑及遗存研究

山东省文物保护修复中心
吕承佳 著

山东大学出版社
SHANDONG UNIVERSITY PRESS
·济南·

图书在版编目(CIP)数据

山东地区佛教建筑及遗存研究 / 吕承佳著. —济南：山东大学出版社，2023.6

ISBN 978-7-5607-7855-6

Ⅰ.①山… Ⅱ.①吕… Ⅲ.①佛教－宗教建筑－建筑艺术－研究－山东 Ⅳ.①TU-098.3

中国国家版本馆CIP数据核字(2023)第096516号

责任编辑 傅 侃
封面设计 王秋忆

山东地区佛教建筑及遗存研究

SHANDONG DIQU FOJIAO JIANZHU JI YICUN YANJIU

出版发行 山东大学出版社
社　　址 山东省济南市山大南路20号
邮政编码 250100
发行热线 (0531)88363008
经　　销 新华书店
印　　刷 济南华林彩印有限公司
规　　格 720毫米×1000毫米 1/16
　　　　　12印张 169千字
版　　次 2023年6月第1版
印　　次 2023年6月第1次印刷
定　　价 45.00元

前　言

山东位于黄河下游,华北平原东部。东临渤海、黄海与朝鲜半岛隔海相望,西、北与河北省接壤,西南与河南省交界,南部与安徽、江苏两省毗邻。地处东经114°19′~122°43′,北纬34°22′~38°23′,属暖温带大陆性季风气候区。四季分明,雨热同季,降雨集中,无霜期长,适合农作物生长。优越的自然环境,特殊的地理位置,为生活在这里的先人提供了良好的生存条件。他们祖祖辈辈在这块富饶的土地上耕耘,繁衍生息,用勤劳的双手和非凡的智慧创造了源远流长的史前文明和光辉灿烂的齐鲁文化,形成了一脉相承、独具特色的海岱文化体系。

两汉之际,佛教由印度传入中国内地。当时的人们缺乏对佛教的理性认知,将佛教作为神仙方术的一种,与黄帝传说及老子的道家学派共同信奉。魏晋南北朝时期,统治者为进一步巩固其统治地位,促进了佛教的发展,佛教在社会各个阶层开始普及,社会影响力和实力与日俱增。但随之而来的是,佛教在政治、经济以及意识形态领域与以皇帝为首的封建地主阶级的矛盾日益突出。为抑制佛教发展,北魏太武帝拓跋焘、北周武帝宇文邕、唐代武宗李炎和五代后周世宗柴荣先后发动了四次大规模的灭佛运动。佛教发展受到毁灭性打击,佛教建筑毁坏殆尽,大批僧众还俗。

由于其在意识形态领域的特殊地位以及封建统治阶级巩固统治的需要,在每次遭受打击之后,佛教都会迅速调整并得以发展。东晋以后,佛教在与中国传统文化的矛盾与冲突中迅速发展,广泛传播。隋唐时期佛教已被中国文化所吸收,并发展成为中国化的宗教,民族佛教格局初步形成。禅宗等带有民族特色的佛教宗派的形成,标志着佛教民族化过程的基本完成。自此,佛教建筑的中国化也基本完成,佛教文化成为中华民族多元文化的重要组成部分。

中国封建社会历代帝王都强调"君权",佛教思想一直没能占据社会意识形态的主流地位。但佛教的发展在促进民族文化多元化的同时,对调和民族矛盾、促进各民族文化交流发挥了积极作用。

中国古代建筑营造的重心和最高成就是封建统治阶级的宫殿和都城。佛教建筑作为仅次于宫殿建筑的另一重要类型,不但分布广泛,而且具有明显的时代特点和地域特征,是体现佛教发展变化的最直接的实物例证。

山东作为我国佛教传播与发展较早的地区之一,历经魏晋南北朝、隋唐等佛教繁荣期,创造了光辉灿烂的佛教文化,保存了大量的寺院遗址、佛教造像等佛教文化遗存。这些文化遗存是研究佛教发展史、古代建筑技术以及雕刻艺术不可多得的宝贵资料。对这些佛教遗存资料的收集、整理和归纳,不仅会促进佛教文化的深入研究,也将进一步充实山东地区的历史文化内涵。

吕承佳
2022年11月20日

目　录

第一章　佛教在山东地区的发展

第一节　佛教的孕育与发展

山东佛教之肇始应追溯到佛教传入之初的西汉平帝元始四年(4)。当时有个叫王净的四川人在青州说经,寄居在沂山泰山祠。泰山祠据传为汉武帝刘彻在太初三年(前102)祭祀沂山时所建。东汉明帝永平元年(58),敕封虹霓山(今白龙山,位于诸城市百尺河镇,海拔119.5米)虹栾寺(宋代改称“寿圣寺”),从此开始兴立佛教寺院。据传白龙山山顶曾有高20余米的五层八角砖石古塔,毁于20世纪50年代,从材质和体量推测应为宋代建筑。东汉章帝建初二年(77),王净的弟子开始到周边各县宣教说经,信徒数量大增。章帝元和年间(84~87),在沂山玉皇顶下的圣水泉畔设立发云寺(后改为“法云寺”)。

由于佛教思想在当时的社会影响力和认可度还不高,其传播往往与民间的神仙思想相混杂，当时的佛教图像还不明晰，佛教特征也不明显。当今学者一般把具有头光、手印、坐姿等特征的图像作为断定早期佛教图像的依据。建造于东汉末年的临沂市沂南县界湖镇北寨汉画像石墓，中室擎天柱南北两面顶部雕刻的两幅人物画像头部有光环（图 1-1-1、图 1-1-2），与东西两面东王公、西王母的画像相对应。在汉代画像石墓中，佛教图像与东王公、西王母雕刻在中心柱同等位置，反映了佛教在当时的影响力以及佛祖在人们心目中已经与东王公、西王母等神仙处于同等的地位，也从侧面印证了佛教早期与神仙方术相混淆的事实。这两幅画被确定为山东最早具有佛教特征的画像，也是我国最早的佛教画像之一。淄博市临淄区淄河岸边稷山的崖壁上也有两组石雕佛造像，一组立像脚踏莲蕊，另一组为结跏趺坐，雕刻时代为东汉晚期。民国时期，滕州市龙阳镇龙阳店村出土的汉画像残石（墓室石柱）（现存于山东博物馆）上刻有两头六牙象（图 1-1-3）。《因果经》记载，释迦牟尼从兜率天宫降生于人间时乘六牙白象。其母摩耶夫人昼寝，梦六牙白象来降腹中，遂生释迦。佛教中六牙白象的六牙代表布施、持戒、忍辱、精进、禅定（止观）、智慧六度。滕州汉画像石博物馆还收藏有一块刻有“胡人礼佛”题材的画像石，内容为一佛二弟子，旁边所刻供养人为胡人形象，时代应为东汉时期。

由此可见，西汉晚期山东地区就已经有佛教的传播，是我国佛教传入较早的地区之一。东汉时，佛教的传播范围进一步扩大，已由潍坊地区扩大到枣庄、临沂一带。

魏晋南北朝时期，青州以西的山东中西部地区属于北魏疆土，北齐疆土则囊括了山东全境。早在西晋太安二年（303），青州即建有宁福寺。东晋隆安二年（398），慕容德占领第二座青州城——广固城，建南燕国，大力推崇佛教。著名僧人朗公也到达青州，大兴佛事，其传教踪迹可达泰山北麓的灵岩寺、神通寺等处。东晋义熙八年（412），前往

印度取经的高僧法显自印度归来，因洋流关系在青州长广郡牢山(今崂山)登陆，在青州东阳城居留一年，整理佛经，弘扬佛法。南朝梁武帝萧衍大力提倡和支持佛教，佛教得到长足发展。佛教传播已经深入社会各个阶层。为方便国内信众理解佛教教义，佛教在原有教义的基础上消化吸收融合我国传统文化，建立了比较系统的理论体系。

图1-1-1 北寨汉墓中心柱南面画像

图1-1-2 北寨汉墓中心柱北面画像

图1-1-3 滕州龙阳店出土东汉画像石中的六牙白象

目前，能够反映山东地区早期佛教特别是汉代佛教发展情况的实物证据不多，只能从文献资料中约略查到少许文字记载或从画像石中找到部分带有佛教特征的图像资料。在考古调查和发掘工作中还没有发现汉代寺庙遗迹，一是因为当时佛寺的建筑规模较小，寺院特征不明显，有可能被当作普通民宅建筑而被忽略；二是因为汉代佛教处在孕育期，还没有得到广泛传播，带有佛教特征的遗物较少，不足以证明建筑遗址的佛教属性。潍坊市临朐县白龙寺遗址就是北魏至隋唐时期的寺院遗址，出土佛教造像残片数量较多，造像制作的时代比较单一，说明该寺院延续时间较短，能够较充分反映当时寺院建筑的典型特征。

第二节　佛教的兴盛与衰落

山东佛教经历了东汉孕育期、魏晋发展期之后，在隋唐时期迅速发展，并逐步与中国传统文化相结合，完成了本土化的转变，进入佛教发展的兴盛期。

隋文帝杨坚有过佛教寺院生活经历，在其取代北周建立隋朝后，大力扶持和保护佛教，佛教发展再度兴盛。寺院布局开始向院落式发展，但佛塔数量进一步减少，有塔者只占寺院总数的万分之三左右。山东地区目前发现的隋朝佛教寺院遗址约有6处。

唐代重儒崇道，对佛教加以利用的同时也进行限制。武则天(624～705)取代李唐王朝建立武周政权(690～705)以后，针对李世民冷落佛教的政策，大肆扶持和宣扬佛教，并令人编纂了一部新的佛经，声称她的掌权是佛陀的本意，有着君权神授的理论根据。不同的是，李唐政权得益于老子李耳，而武则天的“神”却来自异邦的佛陀。

唐代著名译经家义净(635～713),俗姓张,祖籍河北涿县(今涿州)。唐高祖(566～635)时随家人迁徙至齐州(今济南)。645年,他在泰山金舆谷的神通寺跟随善遇法师和慧智禅师出家,后前往齐州城西不远的土窟寺(四禅寺)居住,学习佛法和儒道经典。665年12月9日,唐高宗李治和武则天抵达齐州,19日到达四禅寺。义净接待了这两位贵人,并为他们讲经论禅。武则天对义净的才学极为赞赏。唐高宗咸亨二年(671),义净从番禺(今广州)乘船经海路到达东印度,在玄奘学法的那烂陀寺学习佛法长达10年。后在南海室利佛逝国(今印度尼西亚苏门答腊岛)译经7年,撰写了《南海寄归内法传》和《大唐西域求法高僧传》。武周长寿三年(694),义净乘船由海路回到广州。前后历经24年,游历30余国,带回佛经400余部。其生前翻译佛经68部289卷,为我国佛教文化的交流发展做出突出贡献。山东地区目前发现的唐代佛教寺院遗址约有22处。

隋唐时期,国内佛教因教义的不同形成多个宗派。隋代有三论宗和天台宗,唐代有华严宗、唯识宗(法相宗)、禅宗、律宗、净土宗、密宗。各宗派都有自成体系的教义,但没有形成严密的组织系统,盛衰不一。三论宗、唯识宗(法相宗)在唐朝初期盛行一时。天台宗、华严宗至唐朝末年呈衰微之势。而禅宗在唐朝末年日渐兴盛,大有兼并各宗派、席卷全国之势。禅宗的创始人是来自印度的著名僧人达摩。唐朝后期,禅宗只有南宗,信奉佛至西土二十八宗、东土六祖(初祖、慧可、僧璨、道信、弘忍、慧能)。六祖慧能以下分南岳、青原二系,南岳之下分沩仰、临济二宗,青原之下分曹洞、云门、法眼三宗,共52世。在当时朝廷的直接干预下,禅宗的传承世系确定下来,获得了直承佛祖的"佛门正宗"地位,成为中国佛教史上影响最大的一个佛教宗派。禅宗的创立是中国佛教史和哲学史上的大事。

北宋初期,统治者鼓励、扶持佛教发展。下诏停止毁佛令,大力恢复和发展寺院。天禧五年(1021),全国寺院数量达到4万余所。为加强对佛教的管理,北宋朝廷在开封设立佛教管理机构——鸿胪寺。佛教信众为促进佛教发展也积极协调、缓和与统治阶级的关系。南宋时期,佛教得到进一步发展。宋代以后,禅宗成为中国汉语系佛教的主流宗派。

为方便对中原的统治,金代统治者大力提倡汉文化,主张尊孔读经,并定为“国策”。宋代经学、理学得到长足发展,而佛教退居次要地位。但由于帝室对佛教的崇拜和支持,佛教也有所发展。

元朝统治者采取兼容并蓄的宗教政策,佛教得到广泛传播。元代佛教教义没有大的发展,但寺院经营工商业的现象较普遍。

佛教各宗派在明代时日渐融合,尤其是禅、净、律、天台各宗得到发展,而喇嘛教在内地逐渐衰微。明太祖朱元璋(1328～1398)通过减少发放度牒的数量来控制佛教的发展,佛教发展受到了制约。佛教寺院在原有寺院基础上扩建的比较多,而新建的比较少,私人建造的寺院较多而官府建造的比较少。多数寺院是在元代寺院基础上布局建造,一般由山门、天王殿、大雄宝殿、观音阁、祖师殿等构成。

清代的佛教政策继续沿袭明制,并设置僧录司,对佛教严加限制。僧官由礼部考选,造寺须礼部允许,不允许私度僧尼。僧侣数量大为减少,佛教发展受到强力制约。清代的佛教宗派以禅宗最盛,净土宗次之,再次是天台、华严、律宗、法相等宗派。清代称大中型佛寺为“寺”,小型佛寺为“庙”,尼姑修行的地方称为“庵”。寺院整体布局沿中轴线依次为山门、天王殿、大雄宝殿、法堂、藏经阁等。山门与天王殿之间左右为钟、鼓楼,配殿有伽蓝殿、祖师殿、观音殿、药师殿,有的寺院建有五百罗汉堂。东院有僧房、库房、厨房、斋堂、茶堂等。西院有云会堂、花园等。清代寺院的主佛是释迦牟尼,其次是四大菩萨,最后是罗汉。

山东地区佛教的发展虽承袭了我国佛教发展的历史脉络，但存在其时间和地域的明显特征。魏晋南北朝和隋、唐、宋三代为山东佛教发展的两个高峰期。作为佛教传播和发展较早的地区之一，青州一带早在东汉末年就形成了佛教中心。南北朝至隋唐时期，在济南南部泰山北麓又形成了另一个佛教中心。目前，山东地区共发现魏晋南北朝至隋唐时期佛教寺院遗址70余处。大量宋代砖塔的存在，也证明了该地区宋代佛教发展的辉煌。明清时期的佛教寺院及遗址有80余处，多为沿袭前代并在其基础上加以扩建改造而成。

据初步统计，山东地区现存的200余处佛教寺院及遗址中，济南到泰安一带有61处，潍坊、淄博到滨州一带有58处，济宁到临沂一带约有40处，而这三个区域的其他地上佛教文化遗存也较为丰富。种种迹象表明，这三个区域是山东历史上佛教发展较为集中的区域。

第二章　佛教传播的形象化实物——佛塔

塔的原型及宗教含义是从印度传入的。“塔”是梵文stupa汉文音译的缩写，也有一种说法是借用梵文Budda(佛陀)的音译，曾被翻译为“窣堵波”“苏偷婆”等，本义为“坟墓”。汉字中原来并无“塔”字，造字之前借用“鞈”，原义为打鼓的声音。“塔”字最早出现于东晋葛洪的《字苑》中：“塔，佛堂也，因他合反。”当时称塔为“佛图”或“浮图”等。

释迦牟尼涅槃后，遗骨分葬于8座窣堵波中。窣堵波作为其归宿所在，成为佛教弟子们的主要膜拜物。阿育王时期(前273～前232)，信徒们在释迦牟尼的重要行经处建造了许多塔，从此塔开始脱离单纯坟墓的含义，成为佛教纪念性建筑，并在孔雀王朝(前324～前188)时期形成一定规制。

1世纪前后，作为佛教传播的形象化实物和象征性、标志性建筑，塔随着佛教由印度传入我国。与汉代的重楼建筑相融合，并结合我国的深葬制度，孕育出具有鲜明民族特色的特殊建筑形式。塔的含义较

印度也有所扩大，凡储藏佛舍利、佛像、佛经之所甚至高僧坟墓中的建筑物，具有集中式平面或高耸的形体，同时顶上有塔刹装饰的都可称为“佛塔”。

塔一般具有挺拔的姿态，有的还拥有精美的雕饰，集建筑美、艺术美以及和谐美于一身。与欧洲塔相比，中国塔减弱了垂直向上尖瘦体形的动势，与周围的环境更加融合，其筒体建筑的力学原理在世界上独树一帜。古塔蕴含着中华民族科学、艺术、文化、历史的精华，是古代建筑中的灿烂奇葩，也是佛教历史发展的见证，充分体现了古代人民的高超智慧和创新能力。

我国最早记载的塔是东汉永平十年(67)的洛阳白马寺塔。《魏书·释老志》记载：“自洛中构白马寺，盛饰佛图，画迹甚妙，为四方式。凡宫塔制度，尤依天竺式样而重构之，从一级至三、五、七、九，世人相承，谓之浮图，或云佛图。”

第一节　佛塔的发展与演变

我国早期大型寺院是把佛塔作为寺内活动主体的。佛塔一般居于寺院的中心位置，以廊庑或院墙围成院落，其他建筑皆与大塔相呼应，即中心塔式佛寺布局。这一建筑理念源于古印度的佛教观念，以塔为主体建筑的佛寺也叫“塔庙”或“浮图寺”，小型佛寺多由宅院改造而成，一般不建塔。

山东最早的佛塔应出现于东汉早期，但这只是一种理论上的推定，目前还没有史料或考古发现去证实。东汉至魏晋南北朝时期的佛塔以木结构为主，但由于木塔易被腐蚀、虫蛀、火焚，能够保存至今的寥寥无几。山东地区现存北魏时期的塔只有济南市长清区灵岩寺墓塔林中的法定墓塔等少数几座，多为砖石结构。由于砖石材料具有良好的防火性能和抗腐蚀性，隋唐以后普遍采用砖石材料建造佛塔，砖石塔逐渐替代了传统的木结构塔。

东晋十六国时期，随着佛寺数量的增多，供奉的舍利逐渐短缺。佛塔在寺院布局中开始处于次要地位，供奉佛像的佛殿逐渐成为佛事活动的中心，出现了塔建于佛殿后面的布局。

唐代，我国工匠成功创造了仿木结构造塔技术，砖塔的建造技术已发展到很高水平，亭阁式塔的建造技术达到顶峰。山东地区现存的隋唐两代砖石塔数量较多。济南市历城区神通寺遗址的四门塔建于隋代，是我国现存最早的亭阁式石塔。唐代的楼阁式塔有建于唐开元年间(713～741)的菏泽市成武县田塔等少数几座，但亭阁式塔数量非常丰富，有九顶塔、关庄塔、龙虎塔、灵岩寺小佛塔、慧崇禅师塔、虚观塔、皇姑庵塔、送衣塔、琵琶山石塔等。

宋辽金时期出现了砖木结构建塔技术，高层砖石塔的建造技术达到顶峰。高层砖石塔在砖砌塔体中加木枋增强抗震性，是一种塔檐、平座、栏杆采用木料的砖体木壳塔。北宋中期以后，用铁铸造佛塔蔚然成风。山东地区留存下来的宋代铁塔有济宁的崇觉寺铁塔和聊城铁塔，与湖北当阳玉泉寺铁塔、广州光孝铁塔并称我国四大铁塔。

明清两代造塔之风盛行，尽管在艺术性方面没有大的突破，但佛塔的数量却比较丰富。其中，体量较大的佛塔有平阴翠屏山多佛塔、临清舍利宝塔、平原千佛塔、即墨中间埠双塔、胶州西王益砖塔等。泰安天书观铁塔是明嘉靖十二年(1533)铸造的13层密檐式铁塔，抗日战争时期被日军飞机炸毁，现仅存四层。

由于火灾、风化、战争及四次大规模灭佛运动等因素的影响，山东地区保存下来的早期佛塔数量很少，但隋唐以后的砖石塔数量非常丰富。初步统计有近300座，其中体量较大的有30余座。现存佛塔绝大

多数都得到了妥善的维修保护，还有的一度成为当地的地标性建筑，像兖州的兴隆塔、临清的舍利宝塔等，依然演绎着历史的精彩（佛塔信息见附录一）。

第二节　佛塔的建筑特点

佛塔受实用功能的限制不大，建造的形制结构较为自由。这种外来建筑形式融入民族传统建筑之中，展现了佛教建筑民族化的多样思路和匠师们的卓越才智。

作为寺院建筑的重要组成部分，佛塔一般由地宫、塔基、塔身、塔刹几部分组成。地宫的相关内容将在本章第三节中专门论述。

塔基作为佛塔的重要组成部分，起到稳固佛塔并增强佛塔庄严艺术性的作用。从现存古塔形制来看，隋代至唐代早期亭式塔的塔基比较低矮，且多用素面砖石砌筑，很少有装饰。济南市历城区神通寺四门塔的塔基就比较低矮而且简洁。自唐代开始，塔基变得逐渐高大，明显分为基台和基座两部分。基台低矮且无装饰，基座则日趋华丽精美。一般雕刻佛教故事、人物、花卉等图案或纹饰。辽金时期密檐塔的基座最为突出，多为须弥座。须弥是佛教中所称的须弥山。传说此山最大，佛与菩萨住在山中，以须弥命名具有稳固的意义。喇嘛塔的塔基占塔身高度的三分之一。金刚宝座塔的基座更是成为佛塔的主要组成部分。

塔身的内部结构主要有实心和中空两种形式。实心塔主要用砖石满铺满砌或用土夯实填满，中空式塔主要有木楼层塔身、砖壁木楼层塔身、塔心柱塔身等形式。木楼层塔身主要为汉代和魏晋南北朝时期的木造楼阁式塔，砖壁木楼层塔身也叫“空筒式”塔身，在宋塔中比较多见。木楼梯紧靠塔壁盘旋而上,塔身外部用木结构建造塔檐、平座、栏杆等。塔心柱塔身有木中心柱塔身和砖石中心柱塔身。早期木塔多用巨大木柱自塔顶至地下贯通全塔。砖石塔心柱是用砖石砌筑的大柱子作为中心柱。四门塔就是用石头砌筑的方形塔心柱,四面供佛。金刚宝座式塔身是用砖石砌成方形大高台子,在台子内部砌筑砖石楼梯盘旋而上。

“刹”的梵文名为“制多罗”“差多罗”等,是土田的意思,代表国土,也称为“佛国”。塔刹是佛塔最高的部分,不但冠表全塔,而且还有收结顶盖的作用。佛塔屋面的椽子、望板、瓦垄等都集中在塔刹下收结。塔刹形状有尖的、有圆的,材质有砖石的、有金属的。就形制而言,塔刹可以说是印度窣堵波的缩小形式,包括刹座、刹身、刹顶三部分。刹座压在塔顶,压住椽子、望板、瓦垄并包砌刹杆,多须弥座或仰莲座,也有素面平台座,相当于窣堵波的基座。有的塔刹基座内有类似地宫的窟穴,用于埋藏舍利、经书等。中间覆钵相当于窣堵波半球形的坟堆,覆钵上的平台是刹杆的基座。刹身由相轮和宝盖组成。刹杆代表佛寺的幡竿,是通冠塔刹的中轴,又叫刹柱。相轮一般为九个,佛教以相轮的多少和大小来表示佛塔的级别,相轮的数量和佛塔层数一样是奇数,其他装饰有宝盖、仰月、宝珠、山花蕉叶等。刹顶由仰月、宝珠或宝葫芦组成。圆光代表佛、菩萨身上的圆轮光明,仰月代表密宗金刚界的月轮。宝盖是相轮的冠饰,代表佛座上的七宝华盖。宝瓶即“军持”法具,用于灌顶、浴佛。宝珠居塔顶,常为火焰形中含宝珠,又称“火珠”“如意珠”,全名“摩尼宝珠”,是舍利的标志。

我国早期佛塔多为木塔,一般采用传统的抬梁式或穿斗式结构建造,由梁架、椽子、望板、檐子、塔顶等组成。木结构的可塑性比较强,塔檐延伸长,塔身线条柔和,但易遭虫蛀腐蚀,最怕火灾,不易长久留存。洛阳永宁寺塔建成三年就遇火灾焚毁。我国现存最早木塔是建

于辽清宁二年(1056)的山西应县佛宫寺木塔(佛宫寺释迦塔),为五层八角楼阁式木塔,高67.31米。

北魏中期,随着砖产量的日益增加和用砖技术的不断提高,砖塔逐渐取代木塔。砖塔多采用垒砌、发券、叠涩等方法修建。济南市长清区灵岩寺墓塔林中的法定墓塔是建于北魏时期的单层方形亭阁式砖塔(图2-2-1)。隋唐时期,砖石塔基本替代了木塔,而且砖石塔的平面形状都是正方形的。唐代书法家李邕(678～747)在嵩岳寺塔碑文中写到塔的形状是“发地四铺而耸,凌空八相而圆”。

图2-2-1　法定墓塔

我国现存最早的塔是十六国与北朝之交的北凉晚期的小石塔,高不足1米。酒泉、敦煌、吐鲁番等地均有出土,也是最接近印度窣堵波原型的塔。

单层塔在北魏、东魏、北齐时期的石窟浮雕造像、背屏造像、线刻以及彩绘画像中比较多见。青州市龙兴寺出土的背屏式造像中就有9例刻有单层佛塔。佛塔形式为单层亭阁式,位于背屏顶端居中,一般由飞天承托。其中8例造于东魏,1例造于北齐。滨州市无棣县、博兴县,淄博市高青县,潍坊市临朐县等地均有此类造像出土。

早期塔有窣堵波式、重叠窣堵波式、楼阁式、密檐式和金刚宝座式等式样。窣堵波式塔为古印度的佛塔形式,在国内没有广泛流传。汉武帝曾因为“神仙好楼居”而大建重楼,重楼也符合国人崇尚自然的心态。因此,汉代楼阁建造很多,考古发掘出土的大量汉代陶楼,能够充分反映当时楼阁建筑的特色。楼阁式塔是重楼与窣堵波两种建筑形式的融合,与密檐式塔一起构成中国早期佛塔两种最基本的形制。楼阁式塔每层间距较大,出檐较深,用砖石或木头制作出门窗、柱子、斗拱等。塔内有楼层、楼梯,楼层内外一致。密檐式塔则基座高大,塔檐密集。唐宋时期还有亭式塔、华塔、覆钵式与楼阁式结合的塔型。亭式塔多为高僧墓塔,华塔是佛教"莲花藏世界"的象征。金刚宝座式塔融入了藏传佛教的元素,是一种群塔组合方式,由五塔组合而成,中间大塔,四隅小塔。这种塔型数量很少,在明代以后建造稍多。元代以后,内地流行藏传佛教的瓶形塔(喇嘛塔)。明清时期的佛塔只有楼阁式和密檐式两种形制,而且多数模仿宋辽时期建筑特点。

另外,北方佛塔有别于南方佛塔的玲珑精美、轻巧秀气,显得更加雄伟稳重,简洁豪放。山东地区现存古塔大部分为隋唐以后的砖石塔,且数量较多。因建造时代不同,古塔的建筑特点也存在明显的差异。

(一)隋唐时期的佛塔

隋代及以前的砖石塔,虽有少量六角、八角形特例,但从史料及现存情况看,大多数为方形。隋代佛寺多数向院落式发展,佛塔明显减少,有塔者仅为万分之三左右。单层亭阁式塔数量较多,大部分是僧人墓塔,体量较小。有砖造的,也有石头砌筑的,多数为方形,高度在4米以内。

济南市历城区柳埠镇神通寺遗址的四门塔(图2-2-2),建于隋大业七年(611)。隋仁寿元年(601),隋文帝杨坚分送舍利到30座寺院,并令各州建塔供奉。敕令高僧法瓒送舍利到齐州神通寺,令其为住持,为保存供奉舍利修建了四门塔。

四门塔为单层方形亭阁式石塔,高15.04米,边长7.4米,壁厚0.8米。塔身由大块青石条砌成,四面辟半圆形拱门。塔檐挑出,叠涩5层。塔顶由23层石板层层收缩叠筑,内收成四角攒尖方锥形。顶部方形须弥座承托的石质塔刹,由露盘、山华、蕉叶形插角、五层相轮构

成。塔刹本身是一个宝箧印经塔的样子,也是单层砖石亭阁塔的常用式样。塔室内有石砌方形塔心柱支撑塔顶。塔室顶部由16根三角形石梁搭接于中心柱与外墙之间,支托上层塔顶。塔心柱四面各有雕刻精美的石佛像一尊。

图2-2-2　四门塔

1972年,对四门塔进行维修时,在塔顶内部拆下的一块拱形面板上,发现刻有"大业七年造"字样。同时,塔内还发现一个舍利函,函内储有隋代五铢钱。两相印证,可知四门塔是隋代后期的建筑物。其建筑风格独特,造型简洁又不失雄浑厚重,颇有汉代建筑之遗风。四门塔是我国目前保存最早的亭阁式石塔。

追求塔身内外的装饰美是我国佛塔的一大艺术特色。唐代佛塔的基座较隋代佛塔明显加高,塔身和基座部分雕造更加华丽。济南市历城区柳埠镇神通寺遗址的龙虎塔(图2-2-3),塔基、塔身建于唐,塔顶补建于宋,为方形单层重檐亭阁式砖石塔,高10.8米,底边长4米。基座呈方形,石条砌筑。石砌须弥座呈三个叠层,雕有凹凸形纹饰以及覆莲、狮子、伎乐等精美高浮雕。每层均做束腰并各凿两龛,底层龛内原供有佛像,中层龛内雕舞伎,外雕覆莲,上层龛下部做枋,枋上为覆莲、狮子、伎乐等，以仰莲承托外檐，形成平座。塔身由四块长方形石板砌成，四面有火焰形券门。火焰形券门或菩提叶形券门是北朝比较流行的券形，有浓厚的异域风格。券门上部雕有龙、虎、佛、菩萨、力士、飞天等图像。东西两面雕罗汉、菩萨，各面还衬以龙虎、飞天、莲花等精美图案(图2-2-4)。塔心柱四面各雕佛像一尊。佛像饰有花草、飞天等浮雕图案，均为唐代风格。塔顶为砖砌重檐，檐下双挑华拱承托。顶筑束腰平座，座角起翘外悬，上置覆钵式烧瓷相轮塔刹。龙虎塔全部雕刻均为剔地起凸的高浮雕，生动富丽，雕工精细。所雕人物和禽兽神态飞动，栩栩如生，在佛塔建筑中别具一格，是我国雕刻最精美的唐塔之一。

图2-2-3　龙虎塔

图2-2-4　龙虎塔局部

1955年秋出土的聊城市阳谷县阎楼镇关庄村唐塔，与龙虎塔及小龙虎塔风格类似，为方形单层亭阁式石塔，残高2.6米，其中塔身高

0.65米，由13块石构件组成。基石为三叠涩青石板，基座为双层须弥座。基座下层束腰四面为内凹人面浮雕，面相圆润，表情丰富；上层束腰浮雕伎乐人，四隅雕力士，上下层间平台四隅雕螭首，中间刻缠枝忍冬花。基座上层为平座，周围有石刻栏杆。塔身正面辟拱形券门，两侧各雕一天王像，拐角雕兽头，门枕石两边各雕一下蹲石狮，门楣上雕一兽头，其上有一化生及迦陵频伽。塔身四周为盘龙柱，塔心室后壁有一半圆形佛龛，内雕一佛二菩萨。塔身后壁浮雕鸾凤，左右壁刻唐天宝十三载(754)塔铭两篇。塔身之上现存五层塔檐，檐上下刻反叠涩层，逐层收分，各层檐间壁体四面均刻小龛，龛内一佛，结跏趺坐，作禅定印，龛外线刻忍冬花纹。上端为盝顶，四隅皆刻蹲狮，塔刹已佚。由塔铭可知，此塔为当地杞姓家族为超度去世亲人并为现世眷属祈求安康、礼佛而建的佛塔。

济南市历城区柳埠镇九塔寺内的九顶塔(图2-2-5)，为单层亭阁式砖塔。平面为等边八角形，高13.3米，边长1.97米。塔身用水磨青砖对缝砌筑，外墙呈内弧形状。塔檐叠涩向外挑出17层，有明显的反曲线，符合唐塔塔檐特点。塔檐以上叠涩收进16层，呈柔和的内弧形曲线，形成八角形平座。平座上各隅均筑有高2.84米的方形攒尖顶小塔1座，8座小塔中央筑有高5.33米的塔1座。9座小塔全为三层叠涩挑檐。中间大塔喻为佛祖释迦牟尼，周围8座小塔喻为八相。佛教经典常以8座塔喻为八相，指释迦牟尼生前身后八次重大经历。塔身南面距地面3.1米处辟有一拱形佛龛，龛内有石雕一佛二僧。佛像高1.5

图2-2-5　九顶塔

米，盘膝而坐，刻工精细。佛龛四壁绘有精美壁画，室顶有天花和藻井。小塔各辟一拱券形门龛，中间小塔门龛朝南，其他朝八向。塔顶部分建9座密檐式小塔，在国内属于孤例。平面八角形也是特例，每边作弧形向内凹入，在唐塔中别无二处。九顶塔因造型优美，构思奇特，别具一格，成为古塔建筑中的罕见杰作。

（二）宋辽金时期的佛塔

北宋开国皇帝宋太祖赵匡胤极力提倡崇佛尊道儒，建塔之风兴起。佛塔建筑形式呈百花齐放态势。这一时期的佛塔外观华丽，做工精巧，且比较重视实用性，是古塔发展的鼎盛期。此时单层亭阁式塔的建造由盛而衰，砖石塔特别是高层砖塔的建造达到顶峰。五代末北宋初，塔身各层出现了砖砌平台，可由塔内回廊楼梯登上平台。六角形、八角形塔取代了方形塔。八角形楼阁式塔成为宋塔的主要形制，体量较大，多在20米以上。挺拔刚直，轮廓分明，隽雅秀丽。塔身用砖石材料按照木楼阁式构件拼接起来，砖石塔心柱上托塔身，下连塔基，周围用楼梯与塔壁相连，使塔心柱与外围塔壁形成一个整体。这种建筑形式不仅结构优美，而且符合力学原理，比四方形塔增强了抗震性。宋辽时期的塔往往建有地宫，地宫位于塔基正中地下，用于安放舍利。楼阁式塔的层距较大，每层都与木结构楼阁相似，有门窗、斗拱等，内部楼层和塔身楼层一致，并设有楼梯可以登临。随着主要供奉对象的变化，宋代开始出现塔在佛殿之后的布局。

山东现存大型古塔中，宋代塔所占比例最大。砖石塔有兴隆塔、辟支塔、光善寺塔、荒塔、莘县砖塔、太子灵踪塔、梁村塔、龙泉塔、重兴寺塔、杨寨塔等，建造形式基本上都是楼阁式塔。

济南市长清区灵岩寺的辟支塔（图2-2-6），为八角九层楼阁式砖塔，高54米。始建于北宋淳化五年（994），嘉祐二年（1057）竣工。辟支塔是奉祀辟支佛的塔，这种佛塔在国内很少见。塔内用各种角度、

相互交错的筒形券把楼梯、楼板和龛形室砌成一个整体。塔基为石筑八角形，八面浮雕古印度孔雀王朝阿育王皈依佛门故事、阴曹地府酷刑场面、渔猎社会生活等内容。塔身各层施腰檐，二至四层檐下置平座。塔檐与塔径自下而上逐层递减，腰檐和平座的华拱和斜拱上下相互交错。塔身四向辟门，一至四层辟真门，五、九层各辟一真门，六、七、八层辟二真门，其余各层为佛龛式假门。除真假门外，各面设破子棂球纹格眼式假窗。一至四层有塔心柱，内辟券洞，砌有台阶，可拾级而上。五层以上为实体塔身，可沿塔身外腰檐左转90度进入上层门洞。这种结构在石塔中偶有发现，但在砖塔中很罕见。铁质塔刹直刺云霄，高大华丽，由覆钵、露盘、相轮、宝盖、圆光、仰月、宝珠组成。自宝盖下垂8根铁链，由第九层檐角上的8尊铁质金刚力士牵拉，以稳固塔刹。辟支塔形体壮观，塔身俊秀，挺拔雄伟。登临其上，尽览灵岩风光。北宋文学家曾巩有“法定禅房临峭谷，辟支灵塔冠层峦”的诗句。

图 2-2-6　辟支塔

济宁市汶上县宝相寺的太子灵踪塔（图 2-2-7），为八角十三层楼阁式砖塔，高45.5米。由地宫、塔基、塔身、塔刹构成。石砌塔基，边长3.76米。第一层和第二层为一檐一平座，以上各层出单檐。除第二层平座外，其余各层塔檐均以斗拱承托，第二层平座下密布砖雕莲瓣。这种莲瓣承托塔檐的结构与邹城重兴塔相似。二层以上四正面均辟券门，底层东、南、西三面辟券门式佛龛，龛内原祀佛像。北面券门距地面高约2米，内设楼梯盘旋通塔顶。除一层、二层和四层，其他各层对称佛龛交替与楼梯相通。从斗栱、结构、装饰以及地宫内壁题字推断，太子灵踪塔应为北宋政和年间(1111～1118)所建。因其黄琉璃葫芦形塔刹金光耀目，被当地人称为“黄金塔”。

图2-2-7　太子灵踪塔

济宁市兖州区的兴隆塔(图2-2-8)为八角十三层楼阁式砖塔。塔身分上下两段。下段七层宽大厚重，高40米，内设穿心式塔梯148级。七层顶面沿塔檐内缩2米，形成平台，外围设石雕栏杆。上段六层体量骤然缩小，挺秀玲珑，高14米。通体中空，以木板间隔，原有木梯可攀登，现已损毁。顶置莲台，设葫芦形塔刹。兴隆塔外部装饰较为简洁，仅以叠涩形式出短檐。第一层出双檐，以上各层均为单檐。塔身四面辟门，其他四面辟圆窗或假窗。兴隆塔这种塔身上部骤然缩小的建筑形式在山东地区并不是孤例。菏泽市巨野县永丰塔、郓城县观音寺塔(荒塔)的建筑特点与之类似。永丰塔(图2-2-9)为八角七层楼阁式砖塔。下层淤埋于地下，现存六层，高31米，底层周长44米。青砖叠涩挑檐，其他各层皆华拱两挑，上承托檐。每层四面各辟券门，塔身

逐层收分，六层周长36米。塔内有石砌穿心式塔梯回旋直达六层。底层设塔心室。第七层较第六层体量急剧缩小，为八面亭式建筑，砖木结构。墙体青砖砌筑，顶部为八脊挑檐，青瓦覆顶，葫芦形塔刹。观音寺塔（荒塔）(图2-2-10)为八角七级楼阁式砖塔，高32米。据传始建于五代，现为宋代建筑。塔身分上下两节，上面一节亭式建筑体量明显减少。上层周长40米，下层周长44米。《郓城县志》记载，明正统十三年（1448）黄河决堤，塔身被淤埋，现地表存四级。地表首层双檐，以上各层出单檐，檐下砖雕斗拱结构。每层东、西、南、北四面各设一券顶门，其余四面为砖雕盲窗。塔心室和佛龛顶部由斗拱环砌内收成拱顶。塔内砌阶梯，环绕塔心柱可达塔顶。这种上下比例不一致的佛塔建造形式并不是塔的特殊样式，是由前期未完工之塔后期补建的可能性较大，也可能限于资金等原因，建造规模达不到原来的尺寸。神通寺遗址的龙虎塔，上部砖结构部分即为宋代补建，但结合得非常完美。

图2-2-8　兴隆塔

图 2-2-9　永丰塔

图 2-2-10　观音寺塔

聊城市莘县雁塔为八角十三层楼阁式砖塔。建于北宋治平元年(1064),金天眷二年(1139)重修。通高69.9米。塔身由青砖砌筑,叠涩出檐,一层较高,有四门。二层以上逐层内收。北门进入有一条宽不到1米的砖梯上到第十层,十一层以上只有塔心柱,只能从塔身外沿塔檐往上攀登。1968年,因安全原因,雁塔被拆除。塔顶天宫出土五部《妙法莲花经》和一部写本《陀罗尼经》。《妙法莲花经》为北宋刻本,最早的刻印于北宋庆历二年(1042),最晚的刻印于北宋熙宁二年(1069),皆以罗纹麻纸印行。从雕版艺术看,每卷佛像构图各异,线条细而圆融,法象庄严圣穆,字体方正遒丽,刀法娴熟富于变化,诚为宋书之上品。塔的第七层夹层内藏银塔一座。由银片制成。塔座呈六边形,每边花形镂孔,每个角有龙头衔风铎。塔座之上为方形塔身,共12层,自下而上逐层内收。第一层较高,四周有护栏,前后有门,内置释迦、普贤与文殊像。门顶有飞天一对,其上为一周力士斗拱,托单层檐。四角及四檐皆系风铎。释迦、普贤、文殊、飞天等皆为银鎏金。第二层以上,前后有门,左右为窗,四周护栏,单层檐,四角悬风铎。第

二、三层内置释迦佛像，第四层内放舍利函，内盛舍利子。顶部塔刹较高，玲珑剔透，工艺精湛，令人叹为观止。

枣庄滕州市的龙泉塔（图 2-2-11）为八角九层楼阁式砖塔。建于北宋，明宣德二年（1427）修葺，清代也多次修葺。条石砌筑塔基，青砖砌筑塔身。通高 43 米，底座直径 9.2 米，塔身四面辟门，底层南面辟方形塔心室，北面设楼梯，直达顶层。一层和二层为一檐一平座，其余各层皆为单檐，檐下双层砖雕斗拱承托。塔身南侧二、四、六、九层辟窗，北侧五、九层辟窗，其余各面辟盲窗。顶部为宝葫芦塔刹。

图 2-2-11　龙泉塔

济南市历下区龙洞山鹫栖岩顶部的报恩塔（图 2-2-12），高 12 米，为七级方形密檐式石塔，建于宋政和六年（1116）。塔檐为双层石板叠涩构成。塔身由长方形石块垒砌而成，自下而上逐层内收。塔刹粗简，刹座、刹身均为片石叠置，刹顶为宝珠状。塔身佛龛内供奉观音像。塔正面嵌济南王澄书《报恩塔记》。据《报恩塔记》记载，此塔为讲经僧宗义出资所建。宗义俗姓杨，棣（惠民）人，宋元祐三年（1088）为僧，倾囊建此塔。宗义并非龙洞寺僧人，缘何来此建塔，不得而知。塔南侧石屋内有一残破佛像，结跏

图 2-2-12　报恩塔

趺坐,双手禅定。佛像右侧为金皇统癸亥年(1143)《白云庵主庆八十礼塔会碑》。碑文介绍宗义的身世和功德,并说明此碑是为庆祝宗义八十寿辰而立。

北宋中期以后,随着金属冶炼技术的不断提高,出现了较多铸造精美的铁塔。铁塔多用雕模制范的方法分节、分段铸造,做工细致,造型精美。山东现存的宋代铁塔有济宁崇觉寺铁塔、聊城铁塔,两塔皆为楼阁式塔。崇觉寺铁塔(图 2-2-13)为铁壁砖心八角仿木结构楼阁式塔。铁汁铸造塔身,总高 23.8 米,是现存宋代铁塔中最高的一座。塔基为砖砌八角形,西面辟门。塔心室砌八角形藻井,内置宋代大悲观音多手佛一尊,方座上浮雕佛教故事、飞天等。塔身自下而上逐层收分,每层均由回檐、勾栏平座、塔身三部分叠合而成,下施斗拱,四面辟长方形门,共 36 扇。其他四面设龛,龛内铸造结跏趺坐佛像 36 尊。顶层檐角垂挂风铎,塔刹为铜质鎏金宝瓶。北宋崇宁四年(1105),徐永安之妻常氏为还夫愿,独资在崇觉寺内建七级铁塔。明万历九年(1581),济宁道台龚勉倡导增建二级,并加铸铜质刹顶。整座铁塔的构件均模仿木结构形式雕模铸制,不仅反映出当时的木结构建筑形制,也进一步反映出当时较高的金属铸造水平。

聊城市东关京杭古运河畔的聊城铁塔(图 2-2-14),高 15.5 米,为八角十三级楼阁式塔,生铁铸造。基座为石砌正方形不对称须弥座,高 2.9 米,边长 3.17 米。束腰四面均刻有伎乐人物浮雕,南面两角刻二力士,中间刻两螭龙;东面雕刻两伎乐人,似胡人,多髯,长袍窄袖,戴包头,作歌舞状;北面刻有凤凰,雌雄追逐,左右各有一伎乐人,服饰与东面人物相同;西面两伎乐人头戴幞头,身穿长衣;东南、西南两隅各有一托举力士,下蹲作托举状,眼球外凸,上下叠涩部分雕刻缠枝花卉等纹饰。塔身为铁质仿木结构,分层冶铸,逐层叠装,内部中空,填满碎石砖瓦。塔壁薄厚不均,厚 0.06~0.1 米不等。一层塔身八面分

别铸有四假门、四盲窗。二层至七层均无门窗雕饰，八层至十层有格窗花饰，每层塔身均有腰檐平座，五层至十一层平座有栏杆。塔身逐层收分，塔顶置仰莲宝葫芦塔刹。该塔始建年代无文字记载，据基座石雕风格和发现的石碑推断，建筑年代应为南宋或辽金时期。

图 2-2-13　崇觉寺铁塔

图 2-2-14　聊城铁塔

密檐式塔塔身体量较大，轮廓曲柔适度，中部微凸，上部收分缓和，整体如梭，韵律自如。豪健与细密的融合是其主要特点。塔身一层高峻挺拔，佛教内容与建筑艺术主要集中在一层，其余各层密檐层层相接，塔檐之间无门窗、柱子等。多数密檐式塔不能登临。唐宋时期的密檐式塔装饰简洁，辽金时期的更趋华丽。五代至宋辽金时期，密檐式塔盛行于北方。辽代是密檐式塔大发展时期。辽代密檐塔把原来的空塔心变为实心，塔下增加了须弥座，雕饰富丽的佛像、菩萨等图案。各层檐子下增加了繁复的斗拱、椽子、飞头等仿木结构。

山东地区保存下来的密檐式塔数量较多，有翠屏山多佛塔、关庄塔、报恩塔、华严寺塔、皇姑庵塔、湛山寺药师塔、仙姑塔、海丰塔、智照禅师塔等。

济宁市人民公园内的智照禅师塔(图2-2-15)为十三级石结构密檐塔,高10.5米。该塔原为旧城西北普照寺遗物,建于金明昌七年(1196),是普照寺住持智照禅师的灵塔,1964年移至人民公园内。塔身质朴端庄,自下而上,逐层递减,屹然挺拔,引人入胜。塔旁有雕刻智照禅师塔铭的石碑。

济南市平阴县翠屏山宝峰寺的多佛塔(图2-2-16)为八角十三级密檐式实心石塔。该塔始建于唐贞观四年(630),距今已有1300多年的历史,明初倾倒,明嘉靖元年(1522)重修。该塔通高19.7米,底层周长18米。塔身自下向上逐层收缩,顶呈锥形,上饰铸铁塔刹。每层各面均有拱形佛龛,龛内莲花座上供奉浮雕石佛像。除底层四面各有一尊高1.2米的大佛外,其他小佛像皆高0.6米。塔身原有104尊佛像,现存88尊,大部分为明代所雕,造型优美,形态逼真。塔刹宝瓶外铸铭文。明代进士、山东按察司副使沈钟明游翠屏山时曾写诗赞曰:“峰尖孤塔势嶙峋,培嵝纷然莫与邻。十里横陈开野望,一锥直上插苍旻。”

图2-2-15　智照禅师塔

图2-2-16　多佛塔

(三)元明清时期的佛塔

元代建造了数量较多的喇嘛塔,但其他式样的佛塔进展不大。喇嘛塔在唐代传入我国,元代时广泛流行,其建造形式是由古印度的覆钵式塔演变而来的,在建筑造型和艺术方面增加了中国元素,是我国传统建筑与外来元素结合非常巧妙的建筑形式之一。喇嘛塔的显著特点是圆形覆钵,伞盖宽大,相轮粗短,细颈圆腰。塔身简洁白皙,文静素雅,由高大的须弥座承托,装饰主要在台基和塔刹造型上。明清两代继承了元代传统,屡建喇嘛塔,楼阁式塔也有建造,而密檐式塔的建造数量很少。喇嘛塔在山东地区建造和留存较少。

佛塔的最初功用是供奉佛骨舍利的,也有的用来储藏佛经或佛教圣物。明清以后,塔的用途进一步扩大,有的已脱离佛教的范畴,出现了与宗教无关的文峰塔、导航塔、观光塔等。它们借鉴甚至照搬了佛塔的建筑特点,以高大华美的身姿弥补了山水园林平淡无奇的缺陷,做到山水美与建筑美的有机结合。相轮的有无是区分是否为佛塔的重要标志。

聊城临清市运河东岸的舍利宝塔,又名“观世音菩萨塔”(图2-2-17),为仿木结构八角九级楼阁式砖塔,通高61米。条石砌筑基座,周长39米。底层边长4.9米,高5.3米,直径11.75米。南面辟券拱门,门楣镌刻“舍利宝塔”四字。二层以上东、西、南、北四面辟券门,其余四面设盲门或盲窗。塔心室除六、九层为八角形,其余各层都呈方形。塔心原有通天圆木柱,上近塔刹,下达地宫,已经焚毁。外檐宽1.55米,陶质仿木出挑斗拱,转角斗拱下垂陶质莲花垂朴。斗拱下部镶嵌陶质“阿弥陀佛”四字。各层檐下皆有砖雕七踩斗拱,八角悬铁质风铎。顶为穹隆顶,地面平面铺青砖。塔内有11尊佛像,外部有护法佛像108尊,庄严肃穆。各层塔内有刻石、画像镶嵌在塔壁上。塔内有转角石质梯道,可迂回登临塔顶。塔体近垂直,自下而上每层收分半砖。盝形塔刹,刹顶仰莲座上有铸铁覆钵,这在山东属于孤例。该塔建于明万历四十八年(1620),与通州燃灯塔、杭州六和塔、镇江文峰塔并称“运河四大名塔”。据塔内石刻题记《迁移观世音菩萨塔疏》《修建观世音菩萨塔疏》记述可知,此塔是源于风水而建的佛塔。

明清时期还出现了一种新的佛塔形式——金刚宝座塔。金刚宝座塔属于密宗的塔,以五方佛为供奉对象并象征须弥山五形。采用五塔形式是为尊仰佛的侍从力士——金刚五智如来而建,每座塔象征一尊金刚。佛经上说,金刚界有五部,各有部主,即主佛,中间为大日如来佛,东为阿閦佛,南为宝生佛,西为阿弥陀佛,北为不空成就佛。

烟台莱阳市沐浴店镇大明村的朝阳庵恩师寂莲塔(图2-2-18)是一座覆钵式塔。该塔建于清康熙十年(1671),由砖石砌筑,高6米。基座底部为长方形,石头砌筑,长2.05米,宽1.7米,八角形砖砌须弥座。塔径最大1.7米,高4.2米,顶冠相轮、仰莲、宝瓶塔刹。塔身镶嵌大理石板,楷书塔铭:“恩师寂莲系关东人,延寿九十有一。崇祯二年航海归来,伊时朝阳庵仅茅屋数掾,历年修治,若土若木,俱自手耕,不募一缘,法门之巧,堪传不朽,谨勒石。”后有其徒、徒孙、曾徒孙等15人及建塔时间。

图2-2-17　临清砖塔

图2-2-18　朝阳庵恩师寂莲塔

济南市历城区柳埠镇神通寺塔林的仿汉阙式塔(图2-2-19),建于明嘉靖五年(1526),是神通寺住持成公无为大师的墓塔。长方形塔身,全石砌筑,石刻须弥基座上刻牡丹、葵、菊等花草图案。塔顶三重石刻屋檐为歇山式仿木结构,檐下是仿木斗拱,瓦垄、垂脊、博脊等完全是阙顶的形式。整座塔为汉阙形式,缺乏佛教痕迹,没有塔刹,也没有佛教图像,形制非常特殊,与其他僧人墓塔差别较大。

图2-2-19　仿汉阙式塔

阙作为汉代的一种纪念性建筑,一般成对建在城门或建筑群门外,表示威仪,是一种特殊的建筑形式。汉代建阙之风盛行。汉阙有"石质《汉书》"之称,也是现存最早的地上建筑,是我国古代建筑的"活化石"。汉阙一般由台基、阙身和阙顶三部分组成。按顶部结构可分为单檐阙和重檐阙,按建阙的场所可分为宫阙、坛庙阙、墓祠阙等。山东现存汉阙有济宁市嘉祥武氏阙、临沂市平邑县城的3阙,共4处。

东晋初期出现双塔形式,南北朝至唐代数量逐渐增多。双塔的宗教意义源于《法华经·见宝塔品》中关于尊仰释迦牟尼和多宝如来"二佛并坐"的描述。双塔形制和体量相近,一般沿寺庙主体建筑中轴线对称建造，或位于大殿、山门两侧。有的双塔取用国内原有的双阙形式，以增强寺院的庄严性。

青岛即墨市七级镇的中间埠双塔（图 2-2-20）是一对六角形墓塔。大塔建于清同治五年(1866)五月，民间称为“陈仙姑塔”。塔身共九层，高约 15.4 米，基座正面镶嵌“大清圆寂陈处女塔”。第二层正面嵌篆书“一心普度”的矩形石额，两边嵌捐资者姓名石碑，石额下为拱券门。塔内葬陈处女轿式坐棺，塑有陈处女坐像，设有神龛、供桌等。塔身自第二层以上挑出叠涩塔檐，上承砖刻瓦楞卷棚状装饰，三层至六层塔檐转角兽头下悬挂 32 个铜风铎，塔刹连柄仰莲上承托大理石葫芦形宝顶。大塔建造形式采用我国 11 世纪以来北方广泛采用的塔式，塔身高度与第二层的周长相等。宽大雄厚的基部，细长突出的刹尖，雄伟中显现稳定和秀拔。小塔建于清光绪十二年(1886)，共七层，高约 13 米。塔内葬有陈处女的马姓徒弟，故称“马师傅塔”。二层正面石额镌有“法传圣山”四字。小塔的格局、结构均仿大塔，两塔东南、西北方向排列，相距 30 米。大塔居前东，小塔居后西，寓道行大小深浅之意。势欲向东南振飞，被视为一方吉祥。两座砖塔设计新颖，比例匀称，精工细雕，造型美观，古朴幽雅，别具一格。

图 2-2-20　七级镇双塔

随着塔的用途的变化，塔的建筑结构和艺术形式也发生了相应变化，有的已脱离佛教范畴，作为孤高建筑，发挥远眺或指示等功能，指示津梁，标明大道，导航引渡。南北朝文学家庾信在《和从驾登云居寺塔》写道："重峦千仞塔，危磴九层台。石关恒逆上，山梁乍斗回。"唐宋时期登塔游览之风盛行，雁塔题名即考中进士的学子都要游大雁塔并题名刻石。明清时期大量修建风水塔、文峰塔等，虽然有挺拔秀美的姿态，但已纯属象征性建筑，与佛教没有任何关联。

山东半岛三面环海，是海岸线较长的省份之一，自古以来航海业比较发达。为航海需要，清代以后在沿海地区建造了一些专为船只导航的灯塔。现存灯塔有清代卢逊灯塔、成山头灯塔、游内山灯塔，民国时期小青岛灯塔等。这些塔注重实用性，而艺术性相对薄弱。

第三节　地宫、塔林及其相关问题

（一）地宫

佛塔这一建筑形式随佛教传入中国后，与中国的深葬制度相结合，产生了地宫这一特殊建筑形式。地宫是印度窣堵波中国化的一个重要标志，也是佛塔发展演变过程中中国化最明显的部分之一。

地宫又称"龙宫""龙窟"，是中国式佛塔特有的结构。性质与中国古代帝王陵寝的地下宫殿相似，但形制较小。用来埋葬佛骨舍利，也有的埋藏佛经、佛像或珍宝等。舍利在印度是藏于塔内的。我国早期佛塔将舍利存放于塔刹的基座中，南北朝时逐渐兴起在塔下埋藏。最初是将放有舍利的宝函直接埋于地下，后来逐步发展为在塔下建地宫埋藏宝函。

地宫一般位于塔基之下，多以砖石砌成方形、六角形、八角形、圆形等形状。受功用的限制，地宫面积一般不大。地宫内部多数安放有石函，是安葬佛陀舍利的最外层石棺。石函内层层函匣相套，用石头或金银、玉翠制成的小型棺椁安放舍利，有的陪葬器物、佛像、经书等。在古塔的维修过程中，塔顶上也曾发现过舍利，可见地宫并不是埋葬舍利的唯一地方。隋仁寿元年(601)，隋文帝下诏在30州建塔奉安舍利。王劭撰《广弘明集·舍利感应记》记载："青州于胜福寺起塔，掘基深五尺，遇磐石，自然成大函，因而用之，及舍利将入，瓶内有光，乍上乍下。"

出于文物保护的目的，目前大部分地宫没有进行考古发掘。在佛塔维修保护或抢救性保护工作中，山东地区先后发现了潍坊市临朐县明道寺舍利塔、济宁市汶上县太子灵踪塔、兖州区兴隆塔、邹城市重兴塔、聊城铁塔、莘县砖塔、济南市历下区县西巷开元寺等少数几座地宫。其中，临朐县明道寺舍利塔地宫平面为圆形，聊城铁塔地宫平面为长方形。另外几座地宫均为方形或近方形。聊城铁塔地宫建于明代，其他地宫建于北宋时期。

济宁市汶上县太子灵踪塔地宫位于塔基正中部，由甬道、宫室组成。甬道南北长3.93米，宽0.97米，深1.65米。宫室平面近方形，东西宽1.43米，南北长1.47米，深4.2米。地宫中心部位地下有一口圆井，井口盖一块方石板。方石正中有一圆孔与井口相吻合，正对佛塔的中心。地宫正北面有一佛龛，龛内摆放一件石匣。石匣上刻有铭文，记载北宋熙宁六年(1073)二月，宋太祖赵匡胤的玄孙赵世昌到宋都开封，于嘉王赵郡府第里求得佛牙、舍利，以金为棺，以银为椁，以石为匣，葬于县城宝相寺太子灵踪塔。经考古发掘清理，地宫内出土佛牙一具，舍利子数百粒，还有金棺、银椁、水晶、玛瑙、银佛、铜盒等114件宋代佛教文物。

济宁市兖州区兴隆塔地宫(图2-3-1)位于塔基中央下方，平面正方

形，边长2.8米，中心处顶高3.1米，有南、北两条甬道(图2-3-2)。北甬道入口在塔基北侧正中，距地面约2米，开口为长方形竖井，内设7级踏步。甬道长6.6米，内有4道封堵砖墙，顶部有16排斗拱(图2-3-3)。长方形石函放置在地宫中央的仰覆莲座上。石函内发现了鎏金银棺、金瓶、舍利、佛牙和玻璃瓶等文物，石函四周和顶盖上刻有人物图案和花纹。鎏金银棺(图2-3-4)图案内容丰富，刻画精细。该银棺以银做成棺的形制，表面鎏金，左右两个侧面表现的都是释迦牟尼涅槃的场景。金瓶(图2-3-5)为纯金制品，高0.13米，瓜棱状，是宋代的典型器形，金瓶内装有舍利子。在石函内还发现数量众多的舍利子，大小不一，色彩鲜艳，数量之多国内罕见。地宫中央有一口直径0.26米、深1.7米的水井。水井上方盖有一块唐咸通年间(860～874)墓志铭碑。碑长0.86米，宽0.75米，刻字32行，共800余字。石碑第一列刻有“中书门下牒兖州”。经证实，这是当时的行政公文，是北宋中书省对兖州地方报告的批复。碑文中提到，兴隆塔是为了供奉佛顶骨真身舍利而建的。真身舍利是当时于阗国一位叫正光的大师不远万里从佛国古印度取来的。正光大师取回舍利后，一直希望建塔供奉，但未能如愿。他云游至兖州时年事已高，请求皇帝批准给予剃度僧人名额，安置住持，教化民众，兴造宝塔，安葬舍利。后来因正光大师年老，终没有完成造塔心愿，直到北宋嘉祐八年(1063)才由主讲经僧法语起造佛塔供养。

图2-3-1　兴隆塔地宫局部

图 2-3-2　兴隆塔地宫甬道

图 2-3-3　兴隆塔地宫斗拱

图 2-3-4　兴隆塔地宫鎏金银棺

图 2-3-5　兴隆塔地宫金瓶

济宁邹城市重兴塔(图 2-3-6)地宫分甬道、宫门和宫室三部分。甬道长 5.5 米,宽 0.6 米,砖砌结构。宫门为圆形券拱,高 0.9 米,宽 0.6 米。宫室位于塔底中部稍偏东,平面近方形,边长 1.25 米,高 2.45 米。转角叠涩穹隆顶,斗拱飞翘,青砖砌筑,白灰勾缝,东西两侧各有一盲窗,青砖铺地。地宫早年遭盗扰,仅存少量瓷器、陶器残片、部分建筑构件和腐蚀严重的钱币。由出土器物推断,重兴塔的建造年代为北宋仁宗

图 2-3-6　重兴塔

嘉祐年间(1056～1063)。

聊城铁塔地宫位于塔基正中一块一米见方的石板下,规模较小。地宫长0.86米,宽0.62米,深0.8米。四壁刻有仰莲、云水浮雕等图案,底部有槽坑。出土阴刻铭文的石函和"辟支舍利佛"银函。石函外侧刻有铭文61字,说明原有的铁塔在明代永乐年间(1403～1424)倒塌,天顺年间(1457～1464)重修。石函内存放两包骨灰和银函。银函为长方形,分函顶和函体两部分,底部四角有垫脚。银函正面刻"辟支佛舍利",底面刻"大明成化丙戌三日吉日造",函内有布袋残片及石英、玛瑙、石灰石质地舍利子百余粒。地宫内还出土了铜佛、铜器、唐代至明代铜钱等物品。铁塔的建筑雕造风格符合宋代特征,出土器物印证了明代重修的史实。

济南市长清区真相院舍利塔地宫平面近方形,由宫室和两侧甬道组成。宫室长2.63米,宽2.53米,底部至藻井顶部高3.72米。为砖筑仿木结构,四角上部用7层砖抹角叠涩上收,室顶八角形,其上用两层砖砌成普拍枋,上置转角铺作和补间铺作各八朵,转角铺作为六铺作三抄单拱造,补间铺作为五铺作双抄单拱造。补间铺作上端皆施罗汉枋,左右拉扯与转角铺作相连。转角铺作上收作八边形藻井,再上用砖叠涩成方形。

南北两条甬道平面为长方形,连接宫室两侧,顶部为条砖拱形券,宽度与宫室南北券门相同。每条甬道又分两部分,靠近宫室一侧甬道比外侧甬道低0.14米。南甬道靠近宫室一侧高1.78米,长2.68米,外侧一段高1.92米,长2.66米。北甬道靠近宫室一侧高1.78米,长2.54米,外侧一段高1.91米,长2.72米。南北两壁中间有券门,高1.78米,宽0.84米,与两侧的甬道贯通,券门处有封堵白灰痕迹。墙壁由灰色条砖错缝砌筑,白灰抹缝。宫室地面用条砖横列错缝平铺,甬道为夯土地面。地宫的仿木结构建筑形式与大龙虎塔北宋加修塔顶铺作和辟支塔铺作风格相同。

地宫内共清理出文物19件,含银器15件、铜器1件、刻石3块。银器包括椁盖1件、棺盒1件、罗汉9件、女供养人1件、酒盅3件。目前考古发掘出土的宋代银器、器皿数量较多,但以人物为主的成组银器的出土却非常罕见。这批银器运用多种工艺技术,成型用钣金、浇铸,加工花纹用切削、焊接、抛光、镂空等。工艺水平高超,艺术风格潇洒。地宫内有一长方形石灰岩石刻,表面磨光,阴刻苏轼元祐二年(1087)楷书《齐州长清县真相院释迦舍利塔铭并引》,刻工精细,字字清晰,从左至右22行,479字,为苏轼晚年之作,非常珍贵。

潍坊青州市广福寺遗址墓塔林东三号墓塔地宫为南北向,南侧有甬道,北侧为宫室,宫室与甬道中间有法券式门。门楣上部为半圆形,饰高浮雕。雕刻一铺三像,三像皆倚坐大象背部,周围衬浅浮雕大叶莲花,中间骑象者为普贤菩萨,右前侧有一象童挽绳牵象耳。象童造型逼真,活泼可爱。南龛室有梁柱,东西有两耳室。地宫用石灰石砌造,垒砌精细,雕刻精美,上半部及顶部为半球形穹隆顶法券。

济南市历下区县西巷开元寺地宫(图2-3-7)约建于宋熙宁二年(1069)前后,坐北朝南,由甬道和宫室两部分组成。开元寺地宫为砖砌结构,砖雕精美,是目前国内发现的最精美北宋砖雕地宫之一。地宫顶部高出当时地表,由土台掩盖,采用半地下建筑形式。采用这种方式建造可能是济南地下水较浅的缘故,出于防水的需要。宫室底部呈正方形,外围边长2.4米,内边长1.74米。宫室外部制作粗陋,外墙和土扩之间用碎砖块和土填塞,内部制作非常规整。下部墙体为外侈的须弥座形式,须弥座高0.55米,由砖雕构成,外表涂白灰。须弥座仰莲以上,第五层砖开始从四角叠涩内收。束腰部分的东、北、西三面原应有5座壶门,南壁东、西侧各有1座,甬道东西侧各1座。束腰上部两层是连续的仰莲和菱形纹,下部四层为毬路纹、竹节纹、覆莲纹和

卷草纹。壶门内有砖雕奔鹿、奔羊、卷枝莲花、宝瓶牡丹等形象。壶门间有砖雕隔身立柱,柱身雕刻宝瓶牡丹、宝瓶莲等纹饰。地宫底部铺方砖,横竖各五块,齐缝平铺。北部正中处嵌入一块平躺的石碑,碑刻《开元寺修杂宝经藏地宫记》,记载了北宋修建地宫的情况,也进一步印证了开元寺的方位。

图 2-3-7　县西巷开元寺地宫

潍坊市临朐县明道寺舍利塔修建于北宋景德元年(1004)。地宫底部为圆形,直径 2.1 米,底部至顶部的高度为 2.98 米,由大青砖加石灰膏砌筑。高出底部 0.5 米处有外侈宽 0.2 米的平台,直径扩为 2.5 米,由平台向上 0.48 米开始逐层叠涩内收。圆形攒尖式顶,顶部留有长宽 0.56 米的方孔,封以方砖。地宫中出土佛教造像碎块 1200 多块。由《沂山明道寺新创舍利塔壁记》可知,该塔及地宫是为埋藏遭破坏的佛像所建。出土造像纪年最早为北魏孝明帝正光年间(520~525),最晚到隋大业三年(607)。

太子灵踪塔、兴隆塔等地宫的发现以及大量佛教文物的出土,为研究山东地区佛塔建筑及佛教发展史提供了丰富的实物资料。

(二)塔林

塔林是由多座僧人墓塔组成的建筑群落,一般坐落于大型寺院周边，是寺院的重要组成部分。多塔成排排列称为“塔墙”，成群布置则称为“塔林”。塔林中的塔体量不大，多为高僧墓塔。一般为砖石结构。建筑形式多样，雕琢精美，蔚为壮观。各塔之间的建造年代跨度很长，具有明显的时代特征。

墓塔作为一种重要的佛教遗存，是用来埋藏大德高僧的尸骨或舍利的。不但数量多，分布广，而且建筑形式也更趋多样化。墓塔既是研究我国建筑史、艺术史和佛教史的珍贵宝藏，也是国内外参观旅游者了解佛教文化的重要实物。

早期石质墓塔塔身主要有钟形、方形、鼓形三种形状。晨钟暮鼓本来是佛教规矩，寺院作息皆以钟鼓等法器为讯号，一般早晨敲钟，晚上击鼓。唐人李成用《山中》诗写道：“朝钟暮鼓不到耳，明月孤云长挂情。”钟形塔身意味着墓内僧人是早晨去世的，方形塔身意味着僧人是白天去世的，鼓形塔身则表明僧人去世的时间是晚上。这种说法不无道理。塔的高低、大小和层数的多少，主要根据僧人生前佛学造诣的深浅、威望的高低、功德的大小来决定。也有学者认为，是根据僧人坐化时香火的高低来决定。

墓塔较舍利塔体量明显减小，单层者居多，偶有多层建筑。因体量较小，极易遭到人为或自然破坏，保存数量不多。山东地区现存塔林主要有灵岩寺塔林、神通寺塔林以及智藏寺塔林等几处。另外，还有许多零散分布于各地的僧人墓塔。这些墓塔可能是原来塔林的一部分，也可能是古代寺院的个别遗存，已不得而知。

济南市历城区柳埠镇的神通寺塔林（图2-3-8）是我国六大塔林之一。现存的41座墓塔以砖石结构为主，有密檐式、亭阁式、经幢式，还有钟形、圆筒形、阙形等，类型之多，为塔林中少见，是一处不可多得的露天古塔博物馆。元明两代的墓塔，多为石砌幢式塔，塔形较小。平面形状较为特殊的是建于元泰定二年（1325）的敬公寿塔，平面呈长方

形。建于元皇庆二年(1313)八月的晖公寿塔(图2-3-9),为典型的幢式墓塔,整体形状与经幢无异。塔体石质,塔身呈八棱柱形,基座为双层须弥座。最下层为八边形覆莲座,中间束腰为八棱柱形,每面有力士承托上层石板。石板上部雕刻覆莲座承托鼓形束腰,束腰高浮雕莲花等图案,鼓形束腰上面有仰莲座承托塔身。塔刹5层,最下部是八角挑檐式伞盖,以上依次是鼓形石块、双仰莲座、葫芦形塔刹。整体风格与宋代经幢基本一致。比例协调,雕刻精美。金代神通寺住持"清公山元之塔"是塔林中最早的一座墓塔。为砖砌结构,六角形五层密檐式。塔身雕有半掩假门,一妇人探身外窥,颇有宋代建筑雕饰风格。神通寺塔林墓塔形制的多样性,从侧面反映出元明两代佛教墓塔的建造已经突破早期钟形、鼓形、方形的固定范式,开始向多样化发展。

图2-3-8　神通寺

图2-3-9　晖公寺塔

济南市长清区的灵岩寺墓塔林(图2-3-10),现存167座墓塔。建塔时间贯穿北魏、唐、宋、金、元、明等朝代。形制分为方碑形塔、钟形塔、鼓形塔、窣堵波塔、幢式塔、亭阁式塔等,其中钟形塔数量较多。墓塔虽体量较小,但各具特色。一般分为基座、塔身、塔刹三部分。墓塔旁通常有墓碑,记载高僧生平。除法定墓塔为砖石结构,其他塔全为石结构,与神通寺的砖塔相比,更显古朴、自然。

慧崇塔(图2-3-11)建于唐天宝年间(742~756),为重檐单层石塔，高5.3米。塔身南面辟券门，东西两侧为假门，东侧假门内开，西侧门内有一妇人半露上身作启门状，意为人的一生是从东方来，到西方去，非常短暂。门上雕有狮头、伎乐、飞天和武士等图像。顶部出檐两层，以石板叠涩挑出。塔顶又逐层内收，上置露盘、仰莲、宝珠组成塔刹，古朴优美。

图2-3-10　灵岩寺墓塔林

图2-3-11　慧崇塔

灵岩寺塔林中塔的数量之多、延续时间之久、类型之丰富、造型之优美，在我国塔林中是非常罕见的，堪称石刻艺术博物馆。

青岛平度市智藏寺塔林(图2-3-12)位于大泽山镇高家村东北大泽山南麓的山坡上。现存7座墓塔，就地取材而建，均为单层花岗岩结构，为宋、元、明、清建筑，高度在10米以下。形制大体分为两类：第一类为喇嘛塔式，共两座。由塔基、塔身、华盖、塔刹组成。通高分别为4.68米和5.03米。塔基分4层，下层平面呈八角形，二至四层为八角形须弥座，二层雕饰覆莲，四层边侧雕饰仰莲和兽纹。塔身呈覆钵状，一侧方龛内刻有塔铭，已遭破坏。华盖为八角形须弥座式，雕饰与塔基相同。塔刹平面呈六角形，六层相叠，逐层收分。应属元代建筑。第二类共5座，与灵岩寺塔林的石塔相似，形制结构基本相同。其中一座保存较完整，高7米，由塔基、塔身、塔刹组成。塔基分6层，一层平面呈方形，二层至六层为八角形须弥座，底层雕覆莲。塔身平面呈

八角形，五层密檐式，逐层收分。一层有覆莲状底座，顶雕瓦垄、椽、角脊，檐下八角雕一斗三升斗拱。一层塔身凿二拱龛，二层塔身凿一拱龛，塔铭已废，塔刹为宝葫芦形，应属明清建筑。

济南市历城区西营镇阁老村的玉泉寺塔林，现存3座石塔，分别是建于明成化十五年(1479)的“福公长老和尚之塔”、嘉靖二十六年(1547)的“连公长老之塔”和嘉靖四十一年(1562)的“香公长老觉灵”。其中，福公塔(图2-3-13)体量最大，保存也最完整，通高4米左右。底部为六边形覆莲塔基。一层为六棱柱形，刻有兽头；二层为正六边形覆莲座，侧面分别雕刻龙、麒麟、狮、牡丹等造型；三层和四层分为石鼓形与圆形仰莲座；五层为覆钵塔身，上刻铭文。顶部刻六角仿砖木檐口，上承六边形石雕刹座，五重方形相轮刹身。另两座墓塔造型与福公塔基本相似，只是规制略小，高度不足3米，但同样雕刻精美。

图2-3-12　智藏寺塔林

图2-3-13　福公塔

临沂市费县刘庄乡寺口村岐山寺遗址的僧人墓塔原有6座，现保存较好的只有两座，为石质结构，均建于明代。一座为广师禅师塔，高约4米，基座为八角形须弥座，上下雕仰覆莲，束腰八面雕金刚。塔身二层，下层为叠鼓形，上层为方柱形，四面浮雕坐佛。两层塔身间置仰莲盘。塔身上置仰莲和覆莲两层华叶，上承宝葫芦塔刹。另一座高约

4米，须弥座，下层及束腰呈方形，上层八角形，上置鼓形塔身，塔身上承仰莲和方斗状华叶，宝葫芦塔刹。

临沂市费县费城镇杨家安村有两座石结构明代墓塔。一座高约3.5米，共7节。基座呈长方形，边长1.05米，高0.53米，二节至四节塔身分别为长方形、八角柱形、鼓形，上置莲叶盘，盘上承接斗拱，宝葫芦塔刹。方柱形塔身南面横书"临济正宗法派"，右题"本师大台真磨和尚之塔"，左题"大明万历二十七年四月二十八日法子如清立"，东面为造塔人和石匠姓名。另一座高3.8米，方形塔身，塔身二层。下层为方形柱，南面题"师祖明公和尚之墓"和"万历二十七年四月十一日法子真磨法师、孙如清立"，其他三面雕人物。鼓形塔身上承莲花座，上置方柱。方柱四面雕刻人物，上置覆莲和仰莲华叶，再接方形柱和葫芦形塔刹。

潍坊市临朐县石门坊景区崇圣寺遗址，现存有宣德塔和天顺塔两座石质墓塔。宣德塔(图2-3-14)建于明宣德七年(1432)，整体保存完整，高约5米，石块砌筑，方形须弥座塔基，八角形须弥座束腰，上下各叠涩三层。须弥座束腰上为双层圆形仰覆莲座，鼓形塔身，前面刻长方形塔铭。塔身上部为双层圆形石板，其上为仰莲基座承托塔刹。据塔铭记载，为"闻口长老灵塔"，由弟子至善、觉修修建。天顺塔(图2-3-15)建于明天顺五年(1461)。高约4米，外观与宣德塔相似，体量略小，基座三层，由下而上逐层内收。其塔铭曰："大明国山东青州府临朐县僧会石门重圣禅寺，重修佛刹第一代开山住持志善隐庵和尚灵塔记。非独能成泰，十万普厝助矣。"塔主"志善"与宣德塔的建造者"至善"应属一人。宣德塔比天顺塔早29年，且两塔在同一座山上，距离较近。位置一座在上，一座在下，体量一座大，一座小，符合师尊徒卑的古制。宣德塔与天顺塔应为一对师徒墓塔。《东镇述遗记札》记载："隐庵和尚，雄州人，刘姓……非但皈依佛门，宣教说法，普度众生。尚刻若岐黄之术，医道精明，医德亦高。时于丛林乡间往来，予僧道黎

首，诊切施药，急人之病苦，祛疾活命者众……圆寂，众感其恩德，刻石于墓侧，永为记颂。”

图 2-3-14 宣德塔

图 2-3-15 天顺塔

济宁市梁山县的西竺禅师墓塔（图 2-3-16）建于明嘉靖二十四年（1546），石质，高约 5 米，由三层雕花巨石组成。西竺禅师端坐莲花之上，造型古拙、生动。西竺禅师原籍山东莱州，自幼出家，后到梁山法兴寺任住持。明嘉靖年间，西竺禅师组织 3000 名僧兵到胶东抗击倭寇，立下战功。为表彰西竺禅师的功绩，佛门弟子和梁山一带老百姓捐资为其修造墓塔并立下墓碑，记述其生平功业。这座石塔的特别之处在于最上面雕刻了一层歇山顶，这在同类型古塔中并不多见。

济南市历城区港沟镇有兰峪村的张公塔（图 2-3-17）是一座居士墓塔，高约 6 米，共 13 节。基座八角形，塔身为鼓形，顶部为宝葫芦形塔刹。中部一块鼓形构件上刻有“无为居士张公”字样。上层侧壁刻有一首诗：“万古佛光记张公，茔塔酬师非报恩。应缘一句无住妙，六相圆融一体空。”塔旁有一块墓碑，碑上的文字显示，张公名叫张文宾，纪年为“大明万历十有一年岁次”。

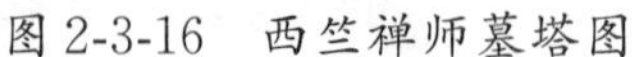
图 2-3-16　西竺禅师墓塔图

2-3-17　张公塔

（三）佛塔的层数为什么是单数

我国古代佛塔的层数几乎都是奇数，这一现象与古代阴阳学有关。我国古代阴阳学说把奇数作为“阳”的象征，把偶数作为“阴”的象征。《周易》曰：“阳卦奇，阴卦偶。”阳卦指有利的条件、环境和机遇；阴卦指各种因素都不利，条件十分艰苦。如“阳”代表白天，人生属“阳”；“阴”代表夜晚，人死属“阴”。所以，我国佛教许多事物都采用奇数，以表示清静、吉祥或顺利之意。在佛教中具有特别意义的塔，其层数的设置更是如此。单层塔除隋唐时期的亭式塔，多为僧人墓塔，七层塔最多见，俗称“七级浮图（或屠）”，九层、十一层、十三层的佛塔也较多。

山东古塔起源较早，其发展几乎贯穿内地佛教演进的整个过程，是我国古塔发展史的一个缩影。在漫长曲折的演进过程中，涌现出一批构思奇特、造型精美的实例。它们是古代劳动人民智慧的结晶，是中华民族科学、文化、艺术的精华。佛塔作为古代一种非常特殊的建筑类型，以挺拔的姿态、玲珑的飞檐、精美的雕饰成为绚丽灿烂、美不胜收的建筑奇葩。雄伟稳重、简洁豪放的古塔充分体现了山东古代劳动人民直爽豪放的性格，在为山水增色的同时，也成为研究我国佛教发展史以及古代建筑艺术史不可或缺的重要资料。

第三章　佛教文化的主要载体
——寺院及寺院遗址

寺院作为开展佛教活动、供出家僧众以及佛教信众礼佛和聚居修行的场所，是随佛教由印度传入我国的。寺院与我国的传统建筑相结合，形成了一种具有显著民族特色的建筑形式。在《祇园图经》中，寺有窟、院、林、庙、兰若、普通六种别名。

第一节　寺院的发展演变

春秋时期，寺特指宦官的办公场所。《诗经·车邻》中“寺人之令”的寺人即指宦官。陆德明《经典释文》中载：“寺，本亦作侍。寺人，奄人也。”皇帝近臣的办公场所后来也称之为“寺”。秦汉时期的《三仓》中说：“寺，官舍也。”《左传·隐公七年》孔颖达注：“自汉以来，九卿所居谓之寺。”《汉书·元帝纪》注：“凡府庭所在皆谓之寺。”由此可知，西汉时，寺指官府所在地。汉明帝时，印度僧摄摩腾、竺法兰用白马负经到中国宣传佛教，起初就住在接待外宾的官衙鸿胪寺。

东汉明帝永平十一年(68),在洛阳雍门外所建的白马寺是我国记载最早的官办佛寺。这时的寺已由官署专称改为佛寺道场专称。早期佛寺多为王公“舍宅为寺”,《洛阳伽蓝记》中就记载多例。宅院型佛寺多为小寺,一般无塔。规模较大的佛寺布局大致与印度相同:塔位于寺的中央,成为寺的主体。礼佛活动按照印度绕塔方式进行。

中国古代建筑始终以宫殿和都城为重心,寺院建筑是仅次于宫殿建筑的另一种重要建筑形式,基本以院落式群体组合方式为主,是住宅的放大或宫殿的缩小,以传统的木结构为本位。因此,佛寺多俗称“寺院”。

因寺院的使用年限长短不一,多数跨越几个时代,而且每个时代都会在原有基础上有规模不等的改扩建,很难说清一座寺院具体应属于哪个时代,只能从文献记载的初建时间或现存的遗迹、遗物来进行考量。

自东汉末年到魏晋南北朝的400多年间,统治者多数推崇佛教,大量佛寺等佛教建筑应运而生。南朝时,梁朝的寺院数量最多,仅建康就有500多座。晚唐诗人杜牧的《江南春》中就有“南朝四百八十寺,多少楼台烟雨中”的诗句。北魏将佛教作为国教,正元(520～524)以后,境内有佛寺3万多座,仅洛阳就有1367座之多。隋代时,全国佛寺多达3985座,僧尼有23万余人,翻译经书82部,足见当时佛教发展之兴盛。

东汉时期,大中型寺院布局多采用十字正交轴线形式,在寺中或宽大的原宅院中心造塔,形成以塔为中心、殿为附属的建筑群。南北朝时期的佛寺布局,一种以塔为中心,一种中心不建塔,形同宅院,前者最为普遍。中心塔型佛寺布局源于印度佛教观念。北魏时期,私人舍宅为寺成为时尚。南北朝后期,佛寺建筑布局开始由一塔一院向多殿堂、多院落发展。

2003～2004年，山东省文物考古研究院与瑞士苏黎世大学合作，先后两次对潍坊市临朐县白龙寺遗址进行考古发掘，对这处北朝到隋唐时期的寺院遗址展开深入研究。考古勘探结果和发掘遗迹现象表明，白龙寺遗址面积较小，是一处依山势地形而建造的小型寺院。目前仅保存有一处东西长20米、南北宽15米的大殿基址，大殿西北角一处配房基址以及遗址东北角的两座陶窑，院墙、山门以及佛塔等遗迹现象没有发现。陶窑的出现说明寺庙建设是就地取材，而半成品石刻造像的出现则证明附近或寺内应该有石造像加工作坊。无论是布局还是规模，白龙寺遗址都比较符合北朝时期佛寺的特点，出土遗物也充分证明了这一点。

唐代以前的寺院一般设钟楼和经楼，对称分布于寺院前部或后部。宋代以后引入鼓楼，开始出现“东钟西鼓”的布局形式，不仅用于报时，也有宗教宣传作用。鼓楼、钟楼一般对称建在山门内侧院落的左右两侧。原始佛教经典《增一阿含经》中有“洪钟震响觉群生”“昼夜闻钟开觉悟”的内容。

唐咸亨元年(670)，武则天为其母荣国夫人追荐冥福，舍长安私宅建太原寺。华严宗创始人法藏即在此讲经立说。开元二十六年(738)，唐玄宗敕令天下各郡各建开元寺、龙兴寺。有的寺院为新建，有的寺院由原来的寺院改名或扩建而成。唐代中期，新建寺院的数量明显减少，后期更少。

隋唐以后，造像之风盛行，寺院的宗教活动逐渐由以佛塔为中心改为以佛阁为中心。唐朝末期，禅宗日渐兴盛，提倡“伽蓝七堂”制度。寺院开始向普及化、专业化方向发展。

“伽蓝七堂”即山门、佛殿、讲堂、方丈、食堂、浴室、东司(厕所)。佛殿是供奉佛像、瞻仰礼拜的场所。讲堂是说法和日常起居的地方。方丈即一寺之首住持(堂头和尚)的住处。《维摩诘经》记载，身为菩萨的维摩诘居士的住所只有一丈见方，但容量无限。

中国建筑的营造法则，一般是把主要建筑建在南北中轴线上，附属设施分布于东西两侧。禅宗的殿堂布局也是如此，主要建筑（正殿）自前而后依次为山门、天王殿、大雄宝殿、法堂、藏经阁等，东西侧配伽蓝殿、祖师堂、观音殿、药师殿等。生活区在中轴线左侧（东侧），有僧房、香积厨（厨房）、斋堂（食堂）、职事堂（库房）、茶堂（接待室）等；接待区在中轴线右侧（西侧），有云会堂（禅堂）等。大寺院常把方丈设在中轴线的最后一进院或跨院的最后一个小院，以示深居简出。较大寺院一般设有戒坛。戒坛是寺院中用来举行受戒仪式及说戒的场所，是一组独立建筑，在寺院后侧，自成格局。坛前一般设优波离殿，供奉优波离，示意进入即受戒得解脱。优波离又名"优婆离"，为释迦牟尼十大弟子之一。因其精于戒律，修持严谨，被佛教誉为"持律第一"。

北宋政权对佛教采取保护政策，佛教发展迅速。天禧五年（1021），北宋境内有僧人39.7万人、尼姑6.1万人。南宋亦鼓励佛教，境内僧尼达20万人之多。两宋时，寺院规模越来越大，以禅宗为盛，多采用"伽蓝七堂"制，较大寺院有讲堂、经堂、禅堂、佛塔、钟鼓楼等，佛塔一般位于寺院之后。

金代前期律宗为圣，禅宗次之，中晚期禅宗转盛。金代寺院极少有佛塔，布局也因地制宜。大寺院的主要建筑均分布在中轴线上。

元代，喇嘛教的地位得以提升，渐渐传入内地，成为佛教的重要组成部分。

明太祖朱元璋（1328～1398）曾在安徽凤阳皇觉寺（后改为龙兴寺）出家，对佛教比较了解，既利用其影响，又加以限制。洪武元年（1368）建善事院管理佛教。下令僧侣考试发牒，并规定男40岁以下、女50岁以下不得出家。明代寺院扩建的多，新建的少，私建的多，官建的少，而且多数是在元代寺院基础上进行布局建设。

清代沿袭明代限制佛教政策，设僧录司管理佛教。清代佛寺，大者称“寺”，小者称“庙”，尼姑居住的地方称“庵”。主要建筑沿南北中轴线布局，依次为山门、天王殿、大雄宝殿、法堂、藏经楼。山门与天王殿之间左右为钟鼓楼，配殿有伽蓝殿、祖师堂、观音殿、药师殿，有的设五百罗汉堂。东院有僧房、库房、厨房、斋堂、茶堂等，西院有云会堂、花园等。清代佛寺首先供奉释迦牟尼，其次是四大菩萨，最后是罗汉。

第二节　寺院的建筑特色

我国早期寺院是以塔为中心进行布局的。塔是寺院的中心，周围辅之以其他建筑。佛教信众把绕塔礼佛作为主要佛事活动。

东晋初期，随着佛教的发展，寺院数量逐渐增多，用于供奉礼佛的舍利短缺。佛教信众开始把佛像作为主要礼佛对象，供奉佛像的佛殿逐渐成为寺院主体。

隋唐佛寺布局继承了两晋、南北朝以来的传统，平面布局同样以殿堂、门廊等组成以庭院为单元的组群形式。组群建筑一般沿着纵轴线采用对称式庭院布局。纵轴线上往往有两三个或更多的庭院向进深重叠排列构成核心，两侧建成若干次核心。

唐初律宗创始人道宣(596～667)制《戒坛图经》，改以塔为中心的佛寺布局为以大殿为中心。唐代出现寺院中间建立大殿的布局，在大殿内供奉佛像、行佛律，大殿成为寺院的主体。

唐代寺院规模较大者叫“寺”，规模较小者叫“兰若”，小寺院一般无塔。有塔者多建于寺侧或另立塔院。关于寺塔的位置关系，唐总章元年(668)道世著《法苑珠林》卷三七引《僧祇律》云：“初起僧伽蓝时，先规度地。将作塔处，不得在南，不得在西，应在东，应在北，不侵佛地、僧地。应在西、在南作僧房。佛塔，高显处作。”明确表明了当时寺院建塔的方位以及寺塔之间的位置关系。

随着“舍宅为寺”行为的增多，由王府改建而成的宫殿式和由私宅改建而成的院落式两种寺院逐渐增多。这种寺院主要为四合院式，主体建筑自前而后依次是山门、观音殿、护法殿、大佛殿等。

宋代出现了将塔建于殿后的形式，由多层庭院组成寺院。禅宗寺院主要遵循“伽蓝七堂”制度。

辽金时期，有的寺院仍将塔建于大殿前部，但大殿仍是佛教活动的主要场所。辽代契丹人有朝日习俗，寺院取坐西朝东的轴线。

元明清时期的寺院更加趋向于四合院式组合，即以一座四合院为主体，在其前后左右任意增减制式四合院或花园，生活区在后院或两侧。寺院的规模有大有小，建筑的功能不一定非常全面，有的建筑是根据寺院发展的需要逐步建造的。寺院的朝向以面南背北轴线为主，组合形式一般是山门和天王殿一组，大雄宝殿一组，这是主体建筑。观音殿、文殊殿、三大士殿、地藏殿、药师殿等多为配殿，分布于中轴线两侧。

祖师殿与伽蓝殿一般分列在大雄宝殿两侧稍前的位置，为东西配殿。祖师殿供养各宗派自己的初代祖师或历代于本宗有发扬之功的先德。如禅宗道场供奉初祖达摩、六祖慧能，净土宗供奉慧远大师。这是对“慎终追远，民德归厚”思想的继承，也是为了勉励后人而立的典范。“伽蓝”是梵语僧伽蓝摩的简称，意译为“众园”，原意是指僧众所居住的园林，后来出家人所住的寺院一般也称“伽蓝”。隋唐之后，佛寺多在东配殿中立护法(神)像，通常以孤独长者、祇陀太子、波斯匿王为主，辅以伽蓝十八神或关羽等像，名之为“伽蓝殿”。

药师殿供药师佛，胁侍为日光、月光两菩萨，旁列药师十二神将，与十二属相相配。药师佛即药师琉璃光如来，也称“药师琉璃光王

佛”,简称“药师如来”“琉璃光佛”“消灾延寿药师佛”等,为东方净琉璃世界之教主,能治众生之贪、嗔、痴之症。药师琉璃光如来、日光菩萨、月光菩萨合称为“东方三圣”。

观音殿供观音大士,胁侍为善财童子和龙女。两壁有观音三十二应身。观音是佛教大乘菩萨之一,原译为观世音,因避唐太宗李世民名讳,改称为观音。观音传入内地时本为男性形象,即“天男像”。佛教说观音为普化众生,可示现种种形象。精心打扮成善良美丽的汉族女性形象,既符合其大慈大悲的特定性格,又符合中华民族的审美情趣。进一步美化观世音形象既是国人审美的需要,也是佛教吸引更多女性信众信奉佛教的需要。

地藏殿供地藏王菩萨,即朝鲜王子金乔觉,胁侍为九华山山主闵氏父子。

三大士殿供奉观音菩萨、文殊菩萨和普贤菩萨。观音菩萨居中,文殊、普贤菩萨分居两侧。文殊表“大智”,全称“文殊师利”,是释迦佛的左胁侍,专司智慧,道场在山西五台山。文殊菩萨骑一青狮,手持宝剑,狮子象征着佛法威力无比,能摧毁收服一切妖魔,宝剑则象征着智慧的锐利威猛。普贤菩萨是释迦佛的右胁侍,为“三曼多跋陀罗”(遍吉)的音译。“普”是遍一切处,“贤”是最妙善义,专司“理德”“行德”,道场在四川峨眉山。普贤菩萨骑六牙白象,六牙表现的是六种从出世超度彼岸的方法,即布施、持戒、忍辱、精进、禅定、智慧。象有大力,表“法身荷负”,白象征无漏无染。

罗汉堂是寺院中最中国化和最富有人情味的殿堂,常建成“田”字形或“卐”字形,殿中一般塑五百罗汉像。

关帝庙是关帝在伽蓝殿或大雄宝殿值班时休息的私邸。关帝,原名羽,字云长,三国时蜀汉的大将。因勇猛过人,义薄云天,重情义,秉性直而名垂青史。据《佛祖统记·智者传》记载,隋代天台宗智者大师曾在湖北玉泉山入定，定中见到关帝显灵，把山上一处风水绝佳而崎岖不平的地方整治平坦，用来供养大师建寺弘法。后来，关帝向大师求受五戒，成为正式的佛家弟子。从此以后，很多道场就把关羽列为伽蓝（寺院）中的护法神。明神宗（1563～1620）时，关羽曾被敕封为“三界伏魔大帝神威远震天尊关圣帝君”，后民间多尊称为“关圣帝君”或略称为“关帝”。其实，供养护法之像并不是祈求他的保护，而是心存厚道，念念不忘帮助过自己的人。

寺院的建筑布局具有明显的时代特征，也因地域或地形不同而有其自身特点。但多数寺院延续时间较长，有的经历多个朝代，并经过多次扩建维修，同时拥有多个时代的建筑印记。因此，不可能把一座寺院划归哪个特定时代去研究。只能结合时代特点，纵向地研究其独特的艺术形式。

每一处佛教寺院的形成与发展，都有其特殊的历史背景，但也离不开僧人对佛法弘扬的不懈努力。有的僧人不但能够促进所在寺院的发展，还能够对附近地区佛教的发展产生巨大的推动作用。郎公和尚就是这样一位对泰山北麓佛教发展产生重大影响的人物。朗公即竺僧朗，京兆人。《水经注》记载：“少事佛图澄，硕学渊通，尤明气纬。隐于泰山东北之琨瑞谷，尝往来于灵岩说法。”据《高僧传·竺僧朗传》载：“以苻秦皇始元年，移卜泰山中。与隐士张忠为林下契，每共游处。忠后为苻坚所征，行至华阴而卒。朗乃于金輿谷昆仑山中别立精舍，犹是泰山西北之一岩也。峰岫高险，水石宏壮，朗创筑房室。制穷山，美内外，屋宇数十余区。闻风而造者百有余人，朗孜孜训诱不倦。”朗公在岱阴东北麓创建神通寺，后在西北麓建造灵岩寺，并在泰山及周边地区宣传佛法。佛教开始在该地区兴旺起来，该地区成为山东地区继青州之后又一佛教发展传播中心。目前，山东、河北等地还保存有很多朗公传法留下的印记。

泰山及周边地区的佛教以禅宗为主。济南市长清区泰山西北麓方山之阳的灵岩寺,是禅宗北派降魔禅师讲法之地。据《灵岩寺志》记载,远古时已有“希有如来”于该寺所在地成无上觉道。西晋大师佛图澄游观灵岩峪谷之后,有其高足竺僧朗大师,因缘卜居泰山,始造灵岩道场,即有“戒德冰霜,学徒清秀”的灵岩古风。

北魏太武帝太平真君七年(446)灭法,灵岩寺佛事遂废。孝明帝正兴元年(520),法定禅师游方山,爱其泉石,重建寺院,香火逐渐兴旺。唐初慧崇大师建千佛殿,开拓道场,灵岩佛教大乘风范愈加发扬。唐代李吉甫编纂的《十道图》中,把灵岩寺与浙江天台山的国清寺、江苏南京的栖霞寺和湖北江陵的玉泉寺誉为“域内四绝”。

从宋代到明代,灵岩寺香火鼎盛。最盛时有僧侣500余人,殿宇50余座,形成规模宏大的古建筑群。明末至清代,道场气象逐渐衰败。清乾隆十四年(1749),仍存有殿宇36座、亭阁18座。民国时期已是佛事颓废,僧人匿迹,清净道气,已成过去。

灵岩寺群山环抱,绿树掩映,泉甘茶香,古迹荟萃。有诗赞道:“屈指数四绝,四绝中最幽。此景冠天下,不独奇东州。”明代文学家王世贞说:“游泰山不至灵岩,不成游也。”清乾隆皇帝在灵岩寺建有行宫,巡视江南时曾八次驻跸灵岩,饱览灵岩风光。(图3-2-1)

图3-2-1　灵岩寺

寺内现存古建筑仅为兴盛时期的三分之一左右，有天王殿、鼓楼、钟楼、东厢房、西厢房、韦陀院、观音堂、大雄宝殿、千佛殿、御书阁、方丈院、辟支塔、塔西院、十王殿、墓塔林等。除此之外，还有般舟殿、孔雀明王殿、卧佛殿、龙藏殿、七古佛堂、观音堂、达摩殿、转轮殿等众多殿堂遗址。

灵岩寺坐北面南，依山而建。山门内沿中轴线，依次布局天王殿、钟鼓楼、大雄宝殿、五花殿、千佛殿、般若殿、御书阁等建筑。现存殿宇虽多为明清形制，但保留了不少宋代构件。各种碑刻、题记散存于山上窟龛和殿宇院壁，共计420余宗(件)，其中包括唐代李邕撰书《灵岩寺碑颂并序》及浮雕造像、经文，北宋蔡卞《圆通经》碑及金、元、明、清各代的铭记题刻等。

千佛殿(图3-2-2)是灵岩寺保存最早的木结构建筑，始建于唐贞观年间(627～649)，宋、明、清代多次维修。大殿台基高2米，面阔7间，为单檐庑殿顶建筑，绿色琉璃瓦屋面。前檐8根石柱，柱础雕刻龙、凤、花叶水波以及莲瓣、宝装荷花等纹样，雕工精美，匠心独具。斗拱层层叠套，前檐伸出两米，檐角长伸高耸，显示出展翅欲飞的风采。殿内供奉40尊宋明两代彩色泥塑罗汉像，形象逼真，惟妙惟肖。

图3-2-2　千佛殿

般舟殿遗址位于千佛殿北侧，原为寺内主要建筑之一，始建于唐代，宋、元、明、清代多次重修。早年被山石埋没，1995年发掘出土。台基底部的石砌部分为唐代遗迹，上部砖砌部分为宋代遗迹。从柱网布局看，般舟殿面阔5间，进深3间。殿内有3座供奉佛像的佛台，两侧及后部砌有罗汉台。地面有石质柱础，其中两座饰龙凤花纹，雕刻精湛，纹饰华美。大殿前部有月台。宋代灵岩寺住持释仁钦在《灵岩十二景·般舟殿》中写道："般舟古殿最先风，运载含灵不可穷。生死海中波涛险，莫教沉溺失前功。"遗址东侧墙壁上嵌有苏辙题咏灵岩的诗碑。遗址前还曾出土一座石塔、两座八角经幢和部分石佛头像，均是佛教艺术精品。般舟，梵语"般若"，即汉语"智慧"，意思是佛法如智慧之舟，能令人离迷途登彼岸。

相伴千年岁月的辉煌历史，弘扬佛法是寺院一切活动的主旋律。唐天宝年间(742～756)李邕所撰《灵岩寺碑颂并序》载："或真空以悟圣，或密教以接凡，谓之灵岩，允矣。"可知灵岩寺是禅宗与密宗并弘的佛教道场。灵岩寺禅宗的弘扬先后经历了北宗、南宗的发展。南宗又经历了"云门""黄龙""曹洞""临济"的变迁，而以曹洞正宗为主。唐代高僧降魔藏大师曾驻锡灵岩，开灵岩茶风以助禅坐。此后饮茶之风传播至南北各寺院及俗俚铺间。

唐密(亦称"汉密")在灵岩寺也得到了相当规模的发展与传播。至今尚留存有唐代寺门密殿遗址、北宋始建的"孔雀明王殿""转轮藏殿"等密宗殿宇遗迹。现存经幢上所刻的各种密咒如"佛顶尊胜陀罗尼""六字大明咒""大随求咒""文殊五字真言""护法咒"以及大批用古梵文所刻的咒语等，都突出地体现了唐密的特征。唐天成三年(928)，在山门密殿石柱上就刻有"一切如来心中心真言"。墓塔林中"大随求咒"字样更是屡见不鲜。唐宋以来，灵岩寺"心中心密法"的弘扬，可以说是近代佛教中再度兴起的"无相心中心密法"的前弘期。

济南市历城区柳埠镇东北的神通寺,始建于前秦皇始元年(351)。神通寺原名郎公寺,开山祖师为朗公禅师,古为临济道场。神通寺在北魏、北周时尽毁,隋、唐时重加修建。隋文帝杨坚因得神通感应,在开皇三年(583)改其名为“神通寺”。寺院在金末荒废不堪,元代由道兴禅师主持重建,后遭兵燹,明代时再次重修。清代时,寺院逐渐衰败,成为废墟。

神通寺遗址(图3-2-3)是山东地区目前发现的最早的寺院遗址,也是山东佛教的大本山。千年的风雨虽斑驳了寺院的辉煌壮丽,但留存的大量古塔、石碑、摩崖造像、佛殿基址等佛教文化遗存,依然熠熠生辉,成为人们流连忘返的佛教文化游览胜地。

图3-2-3　神通寺遗址

神通寺原为临济道场,著名方丈有法瓒禅师等。现存建筑及遗存有四门塔、龙虎塔、墓塔林、摩崖造像等,大部分为隋唐时期建造。“滴水之恩,当涌泉相报”就是指神通寺送衣塔的“孝女故事”。据记载,明代有位官员因年事已高且不肯与当权者合流,遂愤然出家,在神通寺做了和尚。其女为了照顾父亲,也毅然随父剃度,在与神通寺相邻的涌泉庵出家做了尼姑,一边修行,一边照顾父亲。因囿于限制,孝女给

父亲拆洗的衣物不能亲自送到寺院里，只好在寺庵交界处修造了一座石塔，定期把拆洗或缝补好的衣物寄存在塔内，再由父亲的弟子们取走。父亲有脏了或破了的衣物，也送至塔内，由孝女取走浆洗缝补。这样年复一年，孝女一直照顾父亲直至其圆寂归天。后来，她长期定居于涌泉庵并成为一代住持。她就是法号为“明喜”的庵主。

朗公和尚选择的这片净土，历经1600年佛教事业的传承，留存下数不胜数的历史文化遗迹。隋唐以及元明清时期的佛塔、殿基、石柱、柱础、古井、古碾、碑刻等等，俯拾即是，目不暇接。遗址内现存碑刻11通，其中元碑2通、明碑5通、清碑4通。这些碑刻为研究神通寺的发展史特别是后期寺院的兴废变化提供了宝贵的资料。沙栋和明德和尚等人在佛寺之外崖壁上雕造的千佛崖摩崖造像，也是研究我国古代佛教造像及雕刻艺术不可多得的珍贵资料。四门塔作为我国现存最早的石砌佛塔，在我国建筑史上有着非常重要的意义。

从元至治二年(1322)《兴公菩萨道德碑》可知，继神通寺创始人朗公以后，还有海公(时代不详)、宋庆历年间(1041～1048)的隆公、金泰和年间(1201～1208)的雨公等高僧在此弘扬佛法。明成化二十年(1484)《重建七佛神通寺碑记》所记宗派系统和清乾隆十九年(1754)《重修达摩祖师堂碑记》表明，神通寺在佛教宗派中属于禅宗。《重建七佛神通寺碑记》所记宗派系统中，既有禅宗历代祖师、高僧，也有许多我们熟悉的著名政治家、思想家和文学家，其中包括唐代的白居易、柳宗元，宋代的王安石、苏东坡等人。另外，一些碑刻反映了神通寺后期的规模和寺院的经济状况，如明嘉靖(1522～1566)、清乾隆(1736～1795)时期的9块碑记就记载了该寺僧人变卖山林、土地等庙产的情况。

潍坊青州市的龙兴寺始建于北魏时期，北齐武平四年(573)称“南阳寺”，隋开皇元年(581)改名“长乐寺”，武则天天授二年(691)改名

"大云寺",开元十八年(730)改名"龙兴寺"。经考古勘探发现,该寺院南北长200米,东西宽150米,为南北向三进院落,主体建筑沿中轴线布局,自南而北有3座东西长30米、南北宽25米的大型建筑台基。东西两侧有跨院,东院有三进殿,西院为规模宏大的僧院,建筑面积约9000平方米。

临沂市沂南县的法云寺,始建于北宋,明清时重修。寺院坐北朝南,原有房屋及大殿14间,占地约2400平方米。南为山门,北为玉皇殿,院落西侧为奶奶殿、准提殿,玉皇殿西侧为禅堂,东侧为佛爷殿。山门西南面有墓塔林,现存石砌墓塔两座。山门东侧有明嘉靖九年(1530)和清咸丰元年(1851)重修法云寺碑。

泰安普照寺(图3-2-4)位于泰山南麓的凌汉峰下,属禅宗临济派。据清代聂剑光《泰山道里记》记载,普照寺为唐宋时古刹。金大定五年(1165)奉敕重修,题为"普照禅林"。后屡遭兵燹,基址独存。明正德十六年(1521)《重开山记碑》记载,宣德三年(1428)高丽僧满空禅师登泰山,访古刹。在泰山生活20余年,重建竹林寺,复兴普照寺,四方受法者千余人。清康熙初年,名僧元玉建石堂,并于佛诞之日依古制建坛传戒。道光年间(1821~1850)建佛阁(今摩松楼)。光绪六年(1880)重修正殿和东西配殿。

普照寺因山势而建,坐北朝南,四进院落,以双重山门、大雄宝殿、摩松楼为中轴线,左右配以殿庑、寮房、花园等,是一处完整的古建筑群落,面积约6150平方米。一进山门面阔3间,为门楼式建筑,门前左右置石狮一对。进门为一进院,钟、鼓二楼分列东西两侧。钟楼内有石柱钟架及清嘉庆二十二年(1817)铸莲瓣口形铁钟。二进山门为二进院,门内两山墙各辟发券拱门。西拱门外有元代经幢一尊,记僧法海于元贞年间(1295~1297)重修普照寺的情况。沿阶而上为三进院,中为大雄宝殿。大雄宝殿为五脊硬山顶三开间,前后廊式,端庄雄伟,

内供释迦牟尼鎏金趺坐铜像。东西配殿各三间。院内银杏双挺,油松对生,有清道光年间(1821～1850)住持僧明睿及弟子所造双檐盖罩铁香炉一尊。大殿东西两侧有垂花门通后院。后院有著名的"六朝松",粗达数抱,枝密盘曲四伸,树冠如盖。再往上是摩松楼,可摩顶观松。松下有筛月亭,取"古松筛月"之意。高台之上有一古亭,方形,四檐飞翘,四柱均有楹联。亭下有方形石桌,敲击四角和中央,发出清脆如磬的五种声音,故名"五音石"。

图3-2-4 泰安普照寺

中轴线东侧有禅院和石堂院,西侧有菊林院。山房门额悬"菊林旧隐"横匾,院内有"一品大夫"松。清代住持僧元玉是位颇有成就的诗僧,别号"石堂老人",著有《石堂文集》。寺院东南存有其墓塔遗址。普照寺为岱阳唯一的四方丛林,明洪武年间(1368～1398),泰安府僧纲司就设于此。

青岛市崂山东麓那罗延山半山腰的华严寺,为崂山规模最大的寺院。由明代御史黄宗昌于崇祯年间(1628～1644)罢归故里即墨后出资修建,未建成就毁于兵燹。明代高僧憨山曾在"那罗延窟"面壁修行。黄宗昌之子黄坦于清初移址续修,顺治九年(1652)落成,始名"华严庵”,亦名“华严禅院”,1931年改称“华严寺”。华严寺的第一代住持慈沾是临济宗传人。

华严寺占地约4000平方米,建筑面积2500平方米,有房屋120余间。院落依山势修建,阶梯式布局,结构严谨,宏伟而典雅。正北侧大殿为斗拱单檐雕甍歇山式建筑,内奉释迦牟尼塑像。东西两廊为禅堂。由大殿侧门拾级而上为后殿,内奉观音像。后殿侧为祖堂,供本寺第一代住持慈沾大师。东北角有西式小楼5间,院内植桂花、牡丹等植物,十分幽雅。

藏经阁建于4米多高的洞形山门上,整体呈方形,重檐歇山顶。阁高8.2米,面阔13.8米,进深8米。中央立四棱形石柱,木结构架为抬梁式。四周游廊贯通,环以雕栏。外檐有木柱20根,檐角饰“嘲风”,两端饰“螭吻”。前为幕式墙,门窗结合在一起,穿堂门,无后窗,顶覆黄绿琉璃瓦。雕甍高约0.4米,镂空云龙。建筑古朴典雅,集中体现了明代建筑的艺术风格。阁内藏清顺治九年(1652)刊《大藏经》一部,元人手抄本《册府元龟》一部,142册,计1000卷。另外,还存有憨山手书条幅、于七画像等。

华严寺前西侧有一塔院,四周环筑围墙,存有寺中历代住持的藏骨。院中的七级砖塔埋葬着第一代住持慈沾大师。两株苍松紧绕塔身,虬曲多姿,名“松抱塔”。与砖塔相对的石塔是第二代住持善和的藏骨处。相传他在此出家,法名善和,圆寂后葬此墓中。寺西南有那罗延窟,宽7米,高深各15米,可容百数十人。

日照市五莲县五莲山大悲峰前的光明寺(图3-2-5),也是一处比较典型的明代寺院。始建于明万历三十年(1602),万历三十五年(1607)建成。寺院坐北朝南,依山势而建,共三进院落。整体建筑沿中轴线对称分布,依次为山门、天王殿、大雄宝殿、藏经楼。山门比较简陋,与普通宅院大门无异,为后人翻建。天王殿位于一进院北侧山

坡上，地势较高，有石梯与院落相连。坐北朝南，单檐硬山顶，砖木石结构。长9.3米，宽6.68米，高10.8米，共两层6间。东侧有厅房4间，西侧有厅房3间。一进院落东西两侧分别为祖师殿和伽蓝殿。二进院落北侧为大雄宝殿，左右为地藏殿和念佛堂。藏经楼位于三进院内，是两层建筑。

图3-2-5 五莲光明寺

济南市历下区的兴国禅寺(图3-2-6)位于千佛山之阴的半山腰。隋文帝杨坚于587年为纪念其母吕苦桃，在山壁上开凿佛像，名千佛寺。唐太宗(598～649)时，将寺庙重新整修并改名为兴国禅寺。宋末明初，因战乱，寺院遭到严重破坏。明成化七年(1471)，德王府内官苏贤重建佛殿僧舍，清代修建了观音殿。现存建筑多为明清时期修建。

兴国禅寺沿山势依山建于上下两级岩壁之间的平台上。寺院东西走向，山门朝西。门额嵌中国佛教协会原会长、书法家赵朴初题写的“兴国禅寺”石刻，两侧石刻清末秀才杨兆庆丹书对联“暮鼓晨钟惊醒世间名利客，经声佛号唤回苦海梦迷人”。山门两侧建有钟、鼓楼。北侧架长廊，壁嵌历代名家游览千佛山时留下的诗刻题记。南侧崖壁开凿有隋唐时期摩崖造像和石窟造像130余尊。由山门向东，中轴线建筑依次为天王殿、大雄宝殿。山崖由西向东，依次有龙泉洞、极乐洞、黔娄洞、洞天福地坊、对华亭等古迹。寺院整体殿宇亭廊错落有致，苍松翠柏，储绿泄润，钟声盈耳，香烟缭绕，颇有深山古刹妙趣。

图 3-2-6　兴国禅寺

大雄宝殿在寺内东侧，坐东朝西，雄伟壮观。殿内正中莲花宝座上供奉着佛祖释迦牟尼塑像，佛像两侧有菩萨、罗汉侍立，南北侧分别塑普贤、文殊菩萨和阿难、迦叶等十大弟子。释迦牟尼塑像背后，南无观世音菩萨塑像面东站立，左右侍童子。玉佛殿在大雄宝殿北侧，坐北朝南，殿中央佛龛内供释迦如来坐像，白玉石质。玉佛西侧佛龛内供奉地藏王菩萨。菩萨殿在大雄宝殿南侧，坐南朝北，中央佛龛内供观世音菩萨，东西两侧分别为地藏菩萨、千手观音菩萨。寺院中央还有一座穿堂式大殿，弥勒佛塑像迎山门趺坐，背后的韦陀菩萨面东站立。

山东作为我国佛教发展较集中的地区之一，寺院及寺院遗址的数量本应比较丰富，但由于自然灾害以及战争、毁佛运动等人为因素的影响，现保存数量特别是寺院建筑的数量非常有限，且明清复建或维修建筑较多。随着考古勘探发掘工作的不断开展以及佛教建筑研究

的不断深入，还会有更多佛教寺院遗址被发现。

第三节 寺院及其遗址的分布状况

据初步统计，山东地区现存寺院及寺院遗址有200余处。在各地市的分布情况是：泰安市34处、济南市28处、济宁市25处、临沂市14处、潍坊市16处、淄博市23处、滨州市19处、聊城市10处、菏泽市8处、青岛市7处、东营市6处、烟台市5处、日照市5处、枣庄市2处、威海市2处。

从统计数字不难看出，山东地区佛教寺院及寺院遗址分布有几个比较集中的区域：济南到泰安一带，占29.9%；济宁到临沂一带，占19.1%；潍坊、淄博到滨州一带，占28.4%。这三个区域的寺院及寺院遗址分布不但集中而且数量众多，说明这三个区域曾是山东地区佛教发展的中心区域。

寺院及寺院遗址按初建时代划分，东汉时期1处、魏晋南北朝时期43处、隋代6处、唐代21处、宋代22处、金代13处、元代18处、明代53处、清代29处。这些统计数据仅仅是目前的初步统计，还不是很确切。由目前掌握的数据可以约略看出，山东地区佛教发展的兴盛期为魏晋南北朝、唐宋及明清时期。

济南市的28处佛教寺院及寺院遗址中，历下区3处，历城区8处，槐荫区1处，长清区8处，章丘区5处，平阴县2处，莱芜区1处。主要分布在济南南部山区的历城、长清两区。其中，保存情况较好、规模较大的寺院有长清区万德镇的灵岩寺和历下区千佛山北麓的兴国禅寺，较小的有槐荫区的兴福寺、历城区的灵鹫寺、章丘区的洪福寺等，其他佛寺或存佛像或存大殿等遗存，但已经不完整。寺院遗址保存较好的是历城区柳埠镇的神通寺遗址和历下区佛慧山的开元寺遗址。

泰安市的34处佛教寺院及遗址中,泰山区3处,岱岳区5处,新泰市6处,肥城市10处,宁阳县1处,东平县9处。主要分布在新泰、肥城、东平一带。寺院保存情况较好的有泰山区的普照寺,岱岳区的白马寺、大佛寺,新泰市的正觉寺,肥城市的空杏寺,宁阳县的寿峰寺,东平县的磨香寺等,其他佛寺或存佛像或存大殿等遗存,已不太完整。

济宁市的25处佛教寺院及遗址中,市中区3处,曲阜市1处,兖州区1处,邹城市8处,微山县1处,汶上县1处,嘉祥县5处,泗水县3处,梁山县2处。主要分布在邹城、嘉祥一带。

临沂市的14处佛教寺院及遗址中,兰山区1处,罗庄区1处,沂南县2处,沂水县2处,兰陵县4处,费县3处,蒙阴县1处。主要分布在兰陵县、费县一带。

潍坊市的16处佛教寺院及遗址中,青州市9处,诸城市2处,临朐县4处,昌乐县1处。主要分布在青州、临朐一带。

淄博市的23处佛教寺院及遗址中,淄川区11处,张店区2处,临淄区6处,博山区1处,周村区1处,桓台县2处。主要分布在临淄、淄川一带。

滨州市的19处佛教寺院及遗址中,无棣县2处,博兴县17处。主要集中在博兴及周边区域。

聊城市的10处佛教寺院及遗址中,临清市4处,阳谷县1处,东阿县2处,高唐县3处。主要分布在临清和高唐两地。

菏泽市的8处佛教寺院及遗址中,巨野县2处,郓城县2处,东明县3处,鄄城县1处。

青岛市的7处佛教寺院及遗址中,市南区1处,崂山区2处,胶州市1处,平度市1处,黄岛区2处。

东营市的6处佛教寺院及遗址皆在广饶县境内。

烟台市的5处佛教寺院及遗址中，龙口市2处，莱阳市1处，蓬莱市1处，海阳市1处。

日照市的5处佛教寺院及遗址中，东港区1处，五莲县1处，莒县3处。

枣庄市的2处佛教寺院及遗址皆分布在山亭区。

威海市的2处佛教寺院及遗址分布在荣成市和乳山市。

第四章　佛教信众发愿的主要形式——佛教造像

佛教造像作为古希腊文化、印度文化和西域文化融合的产物，在佛教诞生600年后，随着希腊造像艺术的传入，最早出现在古印度贵霜王国控制的犍陀罗地区。

释迦牟尼反对个人崇拜，禁止造像拜像。他认为，自己只不过是“先知先觉”“觉者”意义的佛，而不是神化了的佛。他口传教义，并无经典。佛教徒也认为佛是完美无缺、至高无上的，无法用凡人像来表现。在释迦牟尼涅槃后的一二百年间，弟子们虽然遵守不造像的规矩，但开始神化升华神圣意义的佛，并礼拜世尊的象征物——塔、舍利、菩提树、金刚座（佛在菩提树下所坐的吉祥草垫子）、佛像等。随着造像在佛教宣传中优越性的显现，佛教徒开始造像并一发而不可收，由礼拜佛塔转为礼拜佛像。

广义的佛像指释迦、菩萨、罗汉、明王、诸天等一切佛教造像。造像按工艺手法分有雕像和画像，按形式分有石窟造像、摩崖造像、单体造像等，按形态分有立像、坐像、倚像、卧像等，按材质分有铜像、石像、白陶像、木刻像、陶瓷像、泥塑像等。

西汉末年，佛教由大月氏经疏勒、高昌、龟兹等地传入河西四郡（敦煌、张掖、武威、酒泉）和内地。佛教造像也随之传入，并与我国的石刻艺术、服饰文化等传统文化相结合，孕育出具有中华民族特色的佛教造像艺术。

佛教信众认为，造像是积善积德的举动，供养佛像能祈愿佛祖保佑过去、现在、未来三世众生的利益。因此，造像、供像现象随着佛教的发展和传播日渐普遍。具有一定经济实力的信众一般供养材质好、形体大、工艺精美的佛像，而经济实力不足的下层民众则供养材质一般、形体较小、做工较粗糙的造像，也有多人供养一尊佛像的现象。佛像雕塑者会根据供养者的要求，通过个人的想象力制作出符合时代、地区特点，具有民族风格，形态各异的佛教造像。

魏晋南北朝时期，虽然政权分立，但佛教逐渐为民众所接受，并进入佛教传入之后的第一个信仰高潮期。佛教造像的发展也进入兴盛期。山东地区的佛教造像在经历了模仿、融合之后，逐渐形成自己独特的地域风格。虽然大部分地区没有遭受北魏太武帝灭佛运动的破坏，但北周灭齐以后，继续在山东地区推行灭佛政策，大量佛教寺院和佛像遭到破坏。后经唐代武宗、五代周世宗灭佛运动以及战争和自然灾害的破坏，残存的造像数量不多。临朐县明道寺、青州市龙兴寺等佛像窖藏坑的发现以及博兴县龙华寺、济南市县西巷等地大量佛教造像的出土，为山东地区佛教造像研究提供了较为丰富的实物资料。

第一节　石刻造像

石刻造像具有材质坚硬、易选材、易保存等优点，在佛教造像中数量最多，现保存数量也远非其他类别可比，最能反映不同时代佛教造像的差异性,也最能体现明显的地域特征。石刻造像主要分为石窟造像、摩崖造像和单体石造像三种。

一、石窟造像

石窟寺是依山就石在山崖上开凿洞窟供养佛像的一种寺院,其空间形式取决于使用功能,而且受地理环境和自然条件的影响。石窟寺起源于印度,分支提窟(马蹄形的礼拜场所)和毗诃罗窟(方形或长方形静修场所、精舍)。支提窟多为瘦长的马蹄形,周围有一圈柱子,半圆中央安置一座小型"窣堵波"(佛塔)作为礼拜的对象,塔前为集会场所。毗诃罗窟是在石窟中央设一方形或长方形厅堂,厅堂左、右和正中墙壁上开凿许多一丈见方的小窟室,供僧人坐禅使用。石窟寺多以群窟形式出现,有的既有支提窟,也有毗诃罗窟。南亚次大陆早期的佛教活动场所多为石窟居室式。石窟中间置小型象征性佛塔,三面石壁开凿小龛用于住人。

石窟制度于3世纪(印度贵霜王朝时期)随佛教由大月氏传入新疆。东晋以后,经甘肃由陕西传入山西及北方黄河流域一带。与我国传统的凿崖技术相结合,创造出具有民族特色的石窟建筑艺术。石窟造像延续时间长,分布范围广,数量丰富,为研究佛教发展史、雕刻艺术、建筑技术、服饰文化等提供了丰富的实物资料。

我国的石窟内一般雕造佛像及佛塔,类似于印度的支提窟,但均为方形而不是马蹄形。佛塔位于窟中央直接承接顶部,形成塔柱,不像印度塔位于石窟的后部。石窟壁一般雕凿很多小佛龛,龛内刻佛像,称为"千佛洞"或"万佛洞"。窟外接建木结构建筑作为礼拜场所,区别于印度位于窟内的活动场所。窟外建筑由于是木结构,很容易遭到自然灾害和战争、火灾等人为因素的破坏,现在保存下来的寥寥无几,但多数保留有当时的建筑痕迹。随着佛教的发展,很多石窟的规

模不断扩大，有的延续很长时间。洞窟塑像主尊题材主要有倚坐佛像、结跏趺坐佛像和立佛像，组合形式以一佛二弟子二菩萨五身一铺者居多。

汉代早期，我国工匠就掌握了凿崖的施工技术。当时，该技术多用于墓葬工程，主要开凿大型崖墓。济宁市曲阜城南九龙山的5座汉代鲁王大型崖墓，最早的开凿于西汉早期。其中，3号墓全长72.1米，最宽处24.3米，最高处18.4米。规模之大，足以显示当时先进的凿崖技术。

我国石窟艺术的初创期为十六国与南北朝时期。北魏时期的石窟寺建造规模最为宏大。北魏太武帝毁佛之后，文成帝复兴佛法，每一位皇帝继位即在都城附近山岗为先帝或皇后开凿石窟，雕造佛像。北周武帝灭佛，寺庙、佛像损毁严重。北齐、北周时期，石窟造像的风格发生了变化，造像衣褶由北魏的厚重转为简洁，形象由瘦骨嶙峋变得胖壮。南北朝时期，山东地区虽重视禅观，提倡德业，但石窟开凿远不及中原地区兴盛，以修建寺庙、营造单体大像为主。

隋唐时期，随着国家的统一和社会经济的发展，佛教得到迅猛发展，石窟造像艺术也达到鼎盛时期。石窟造像不但分布广泛，数量庞大，而且石窟的功用也由北朝以禅观为主进一步扩大为社会各界的祈福之所。

隋代佛教再兴，建造寺院的同时也开凿了很多石窟。隋代石窟有一龛窟、三龛窟、中心柱窟和无龛窟四种形式。唐太宗贞观之治之后的100多年间，山东地区政治经济比较稳定，寺院经济得到长足发展，在皇室以及地方官府的支持下开凿了大量石窟，石窟造像的开凿迅猛发展。唐代主流石窟为一龛窟，数量最多。唐代中晚期，随着密宗的兴起与传播，石窟内出现密教图像，造像也因程式化而神韵有些许缺失。

元代以后，大肚弥勒佛成为佛教造像的常见题材。明代虽然开凿了部分小型石窟,但已经进入我国石窟艺术的没落期。

2020～2021年开展的山东省石窟寺(含摩崖造像)专项调查工作数据显示,山东地区现存佛教石窟寺共计97处,时代贯穿北魏至明清时期。北魏、东魏时期的石窟寺造像共有3处,包括济南的黄石崖、龙洞,青岛的姚保显造石屋。北齐时期的石窟寺造像主要有济南的莲花洞石窟,潍坊的驼山石窟、云门山石窟,泰安的棘梁山石窟等。隋唐时期是石窟寺艺术的大发展期,此时石窟寺及摩崖造像遍布全省。目前全省共发现44处该时期的造像,其中隋代的11处,主要有济南的玉函山、千佛山,潍坊的驼山、云门山,泰安的棘梁山石刻、白佛山石刻;唐代的33处,主要有济宁的九龙山摩崖造像、烟台的盖平山摩崖造像等。宋金时期罗汉造像骤然增多,共发现34处,主要有济南佛慧山大佛头、黄花山造像,泰安的银山、青峰山、灵泉寺、陶山朝阳洞造像,潍坊的磬石造像、仰天山佛光崖线刻佛像,临沂的富贵顶、黄崖山、黄云山造像,威海的槎山千真洞石窟,日照的九仙山大佛,济宁的黄山十八罗汉洞造像等。元代以后,石窟寺及摩崖造像在进一步世俗化的同时也日趋衰落。元明清石窟寺及摩崖造像共有33处。主要有济南的赵八洞、莱芜石佛峪、云台寺、圣佛洞、黄花山,泰安的陶山朝阳洞、华岩洞造像等。

山东地区石窟造像及摩崖造像的分布较为广泛,但在济南、泰安、潍坊三个区域较为集中。这与山东地区佛教发展的三个区域中心是相吻合的。规模较大的石窟造像有潍坊青州市的驼山石窟、云门山石窟、尧王山石窟群、仰天山千佛洞,泰安市东平县的白佛山石窟,青岛市黄岛区的大珠山石窟,济南市历下区的佛峪寺、千佛山兴国禅寺石窟、长清区的莲花洞石窟等十几处。

驼山石窟开凿于青州城东4公里处驼山主峰(海拔408米)东南面的石灰岩崖壁上。自东北至西南共5个洞窟,其中第二、第三窟规模

最大。第二窟到第四窟开凿于隋代(581～619),第一窟开凿于唐武周时期。第五窟具有北朝风格,应为最早开凿的石窟。窟内造像与摩崖造像共有638尊。造像神态庄重,雕刻技法精湛。最大者高约7米,小者高度只有0.2米。

第一窟(图4-1-1)为小型石窟,进深2.21米,宽2.4米,高2米。正面石壁刻一佛二弟子,左右两壁分刻一菩萨。主佛为结跏趺坐像,螺发高肉髻,面部丰满,颈配莲花项圈。身穿袒右式袈裟,衣裙肥大,双手叠于腹前,两手掌仰放于腿上,右手置左手上,两拇指相接,施禅定印。这是唐武则天时期的毗卢佛,是密宗东传山东的物证。毗卢佛全称“毗卢遮那佛”,是佛教中的“三身佛”之一——释迦牟尼的法身佛,其他两尊为应身“释迦牟尼佛”和报身“卢舍那佛”。菩萨像造型丰满生动,螺发髻,面丰腴,上身袒露,胸前佩戴璎珞,手持鲜花,下着出水式长裙,身材有曲线,为盛唐作品。小佛龛内有三处题记,分别为“长安二年尹思贞”“长安三年李怀膺造弥陀像”“长安二年任玄览造观音像”。由题记可推断此窟开凿于武则天长安年间(701～704),为武则天执政晚期的作品。

图4-1-1　驼山石窟第一窟

第二窟(图4-1-2)为中型石窟,平面呈横椭圆形,为敞口式佛窟,

图 4-1-2 驼山石窟第二窟

规模略小于第三窟。进深 3.3 米，高 3.28 米，宽 2.8 米。正面雕刻一坐佛，壁面高浮雕千佛像及供养人像。两侧壁分刻两胁侍菩萨。主佛结跏趺坐于方台之上，螺发低肉髻，面相方圆，头部比例大，内着僧祇支，外穿通肩田相格袈裟，单薄贴体。右臂上举于胸前，手掌向外，手指自然舒展，施无畏印，表示佛为救济众生的大慈心愿，能使众生心安，无所畏怖。左手手掌向上，平放于左腿上。方台正面雕刻 3 个小龛，中间龛内刻一佛二菩萨，两侧龛内分刻一弟子。两侧胁侍菩萨头戴花冠，面部方圆，面带微笑。颈配珠链，前胸戴瓔珞，垂至腹部。长衣裙下垂至足部。窟门刻两站立力士，上身赤裸，手扶兵刃，怒目圆睁，威武有力。从造像风格看，第二窟应为隋代作品。

第三窟(图 4-1-3)规模最大，与第二窟布局基本相同，是目前我国东部发现的隋唐时期最大石窟造像。石窟正面刻阿弥陀佛造像，高 7 米，座高 1 米，面相丰润，螺发低肉髻，眉骨高凸细长，双目微眯下视。外穿通肩大衣，外着田相格袈裟，内着僧祇支，手施无畏印。两侧菩萨(图 4-1-4)高 3.94 米，头戴花冠，飘带下垂，长裙曳地，法相浑融圆润，亭亭玉立，具有隋代风格。正壁及左右两壁刻满整齐排列的佛像。据题记及有关史籍考证，应为隋开皇年间(581～600)石窟。

第四窟和第五窟均为小型石窟。第四窟(图 4-1-5)具有隋末唐初风格。第五窟主佛外穿褒衣博带，衣裙束带外搭，衣纹简练。菩萨身材修长，佩戴精美瓔珞。

图 4-1-3　驼山石窟第三窟

图 4-1-4　驼山石窟第三窟菩萨

图 4-1-5　驼山石窟第四窟

驼山石窟的主要造像题材是阿弥陀西方三圣即西方净土世界的教主无量寿佛和观世音菩萨、大势至菩萨组合。《临淮王碑》记载，临淮王娄定远在青州龙兴寺“爰营佛事，制无量寿像一区（同“躯”），高三丈九尺。并观世音、大势至二大士而侠（即“胁”）侍焉”。东晋及南朝时，阿弥陀信仰流行于江南，寺院中造无量寿佛也是南方寺院传统。在北方出现这种造像题材,应该是受到南方佛教的影响。

云门山石窟开凿于青州云门山之阳,是山东地区现存为数不多的唐代以前佛教造像石窟,共5窟,存造像272尊。因雕造历史久远、石窟规模大、造像精美被各方人士所赞赏。石窟自西向东排列,第一、二窟较大,位于云门洞的西边,均开凿于北齐至隋代,有题记可追溯至隋开皇九年(589)。

第一窟为摩崖尖拱窟,雕刻一佛二菩萨,均残,本尊结跏趺坐于宝座之上,首微颔,衣褶流畅。第二窟(图4-1-6)形制同第一窟,刻一佛二菩萨二力士。其中,菩萨头戴花冠,左右引出双翅,有宝缯下垂。下面裙带刻出许多方格,四周作连珠纹,格中刻扛托力士像以及莲花忍冬的图案,为隋代雕刻之杰作。第一、二龛之间刻有燃灯佛像,第一龛西边小龛中有释迦多宝说法像及供养人像,第二龛东边小龛有唐代卢舍那佛像。第三、四、五窟为小型方形平顶窟,开凿于盛唐时期,位于云门洞上方,窟内刻有一佛二菩萨二力士或二天王像,第三窟内左右壁还有供养比丘像。第五窟佛座下有益都县令唐明照及夫人韦氏供养像。

图4-1-6　云门山石窟第二窟

济南市长清区五峰山西麓的莲花洞石窟(图4-1-7)开凿于聚仙峰西侧的崖壁上。石窟坐东朝西,平面呈“凸”字形,宽4米,进深3.98米,高3.1米。平顶刻有42朵莲花,莲花涂红色。窟室北、东、南三面有宽0.3米、高0.4米的二层台。东壁(正面)有一铺五躯造像,为一佛二弟子二菩萨。主尊高2.12米,结跏趺坐于束腰须弥座上,螺髻,面部慈祥,身披袒右袈裟,施禅定印。身后为舟状火焰形背光,圆形头光内饰莲花。两侧为阿难和迦叶,其外两侧各立菩萨,均跣足立于莲花座上。菩萨身后有火焰状背光。南北壁及其他石壁上凿有259个佛龛,刻佛像211尊。窟外凿有14龛,造像31尊。窟外砌券门,门额镌有“圣佛莲花洞”大字,洞口上刻尖拱形门楣。洞内题字大部分漫漶,能依稀辨认的有东魏武定五年(547)及北齐乾明元年(560)造像题名。根据造像特征,可以推断此窟开凿时代为北朝晚期。

图4-1-7　长清莲花洞石窟

济南市历下区千佛山兴国禅寺的石窟造像共有9窟。规模较大的有极乐洞、龙泉洞和黔娄洞,内有造像130余尊。隋开皇七年至二十年(587～600)开凿,另有部分开凿于唐代贞观年间(627～649)。

极乐洞是主窟(图4-1-8),有大小佛像87尊。洞内雕刻一佛二菩萨,主佛为阿弥陀佛,高约3米,盘膝禅坐。左右站立大势至菩萨与观音菩萨,高约3米。雕刻精致,线条流畅,体态丰腴,栩栩如生。洞窟东侧和后部石壁上雕刻18尊小佛像。

图4-1-8　兴国禅寺极乐洞造像

龙泉洞位于山门内南侧崖壁,与极乐洞相通。洞窟后壁东西向雕刻一排佛像,共7尊。其中一尊弥勒像为刘景茂于隋开皇七年(587)正月造,为千佛山时代最早造像。黔娄洞位于极乐洞东侧崖壁上,为周代黔娄子隐居之地。其他各窟散布于洞外崖壁上,错落有致。

泰安市东平县白佛山之阳的白佛山石窟,共4窟,原有造像148尊(现存132尊)。开凿年代从隋开皇七年(587)至宋开宝年间(968~975)。因山石呈白色并刻有佛像,故称“白佛山”。

主窟即隋窟(图4-1-9),窟口南向,窟内正中雕有释迦牟尼圆雕坐像。高6.7米,端坐莲台,面目端庄,神态凝重,气韵非凡,施无畏印,号称“齐鲁隋代第一佛”。此佛像既有中国其他石窟隋代造像共有的特点,也有浓郁的地方特色,保存如此完美,全国实属少见。雕刻技法是南北朝刻法的发展,衣褶线条有独特风格,具有浓郁的民间风采。主像两侧即东西两壁排列十多排小龛。每龛造像1~5尊,或端坐莲台,或合掌而立,神态各异,栩栩如生。龛旁有像主题记,笔法古朴,线条雄健,字体有从隶书到楷书过渡阶段的风范。东壁下方有一长方形

石龛，内雕《涅槃图》，即释迦牟尼升天悼念仪式场景。主像头南仰卧，肋骨裸露，象征释迦牟尼入殓前的艰辛修行。十大弟子围坐身旁，有的抱脚抱头，有的仰面号啕，有的低头默哀，各自流露出悼念师父的真情。隋代一号窟是目前我国发现的唯一一处以十六王子为题材并有可靠记铭的造像窟，是研究十六王子佛像的重要实物资料。

图4-1-9　白佛山造像

唐窟位于隋窟西侧上方20米处的峭壁上。窟有两口，一口向南，一口向西，南口下为断崖。窟内有3尊造像。主像高2.4米，双膝下垂，面南端坐。高肉髻，戴法网，两耳垂肩，面目丰满颀长，嘴呈菱角形，唇润颐丰，鼻梁略高。雕刻精细，形象逼真。下半部分线条间接，雕刻粗犷，与上半部分形成鲜明对比。这种雕刻手法与河北、鲁中、河南等相邻地区石窟造像风格明显不同。主像两侧为侍者，头戴宝冠，身着袈裟，佩戴璎珞。

第四窟位于最东侧，开凿于宋代初期，亦称“宋窟”。窟内有造像12尊，其中较珍贵的有两尊。一是北壁上的观音像，体态丰腴，面容和蔼，两耳垂肩，保留盛唐风韵。两侧侍者着百褶裙，褶皱保留有魏晋风格。二是东壁上雕造的鉴真大师高浮雕像，造像风格酷似日本国所塑鉴真大师肖像。雕刻细腻,线条流畅,表现了中华民族对这位为中日文化交流有着杰出贡献的一代使者的崇敬和爱戴。

二、摩崖造像

摩崖造像是指在山崖上刮磨或雕刻的造像,一般以群组形式出现,置于露天或浅龛之中,有时与石窟造像并存。有的摩崖造像雕造的年代跨度比较长,甚至跨越几个朝代。

2020～2021年开展的山东地区石窟寺(摩崖造像)调查数据显示,山东现存摩崖造像有86处,其中济南36处,泰安15处,潍坊9处。规模较大的济南市历城区神通寺千佛崖摩崖造像有佛像254尊,历下区千佛山兴国禅寺摩崖造像有佛像126尊,长清区五峰山石窝村莲花洞摩崖造像有佛像290尊,泰安市东平县理明窝摩崖造像有佛像14尊、棘梁山造像有佛像600余尊,潍坊青州市驼山摩崖造像有佛像638尊、云门山摩崖造像有佛像272尊。

济南市历城区柳埠镇白虎山东侧崖壁上的千佛崖造像(图4-1-10),是神通寺遗址的一部分。南北长65米,现存佛像254尊,大小窟龛100多个(其中较大的有5个),题记43则。造像多为坐佛像,以唐代造像为主。唐初武德年间(618～626)开凿,高宗时(649～683)达到最盛期,至睿宗时(684～690)接近尾声。千佛崖造像与唐朝皇室有密切渊源。造像主要是唐太宗的儿子、女儿、女婿等为其祈福或贵族、僧侣等为父母、兄妹、儿女祈福而造。唐高祖武德二年(619),年近七旬的沙栋和尚在神通寺西侧的山崖上开凿了第一尊佛像,开始了依山凿崖的佛教功德。唐贞观十八年(644),僧人明德接踵而至,出资雕造两尊佛像,寄托自己的理想和追求。唐高宗显庆三年(658)明德和尚再次造像,并题记说明造像目的。宋、元、明各代仍有零星刻凿。

初唐时期的统治者对佛教并不推崇,对于开窟造像等活动也不提

倡。沙栋和明德和尚敢冒天下之大不韪,公然劈山削崖,雕造佛像,可谓非常之举。善男信女紧随其后,不断在崖壁上雕造石像,数量越来越多,形成了山东地区最大的唐代摩崖造像群。

图4-1-10 神通寺千佛崖造像

造像可分为3组。北部一组仅有两个大窟。南部一组造像多而集中,有3个大窟。中部一组均为小龛,多为一龛一佛,少数一龛二佛,个别为一佛二菩萨。绝大部分佛像面形丰满秀丽,衣纹线条流畅。雕刻技法圆刀、平刀兼具,刀法犀利,造型精美,具有明显唐代风格。

最南端第一窟凿刻于唐高宗显庆二年(657),是唐太宗李世民第二十一女南平公主[①]为其父唐太宗李世民祈福而刻。造像高约1米,面相清秀安详,衣纹细密流畅。题记在龛东壁中间位置。

刘玄意造像(图4-1-11)在千佛崖中部偏南位置。窟龛呈方形,高0.8米,宽0.5米,造像高0.7米。造像体型丰满,面相圆润,双耳垂肩,垂足坐于须弥座上,内着僧祇支,外穿披肩式袈裟,施无畏印。造像记刻于龛壁东侧,装饰竹节门楣图案,石龛左侧有力士像。

① 其第二任丈夫刘玄意时任齐州(今济南)刺史。

图 4-1-11　刘玄意造像

北部南侧一窟内有两尊佛像(图 4-1-12),是李世民第十三子赵王李福于显庆三年(658)所造。佛像一尊高 2.8 米,另一尊高 2.65 米。两尊佛像通体涂金,结跏趺坐,施禅定印。衣纹褶皱富于变化,轻薄贴体,肉髻高大,面型丰肥,两耳下垂,面部慈祥,眉眼修长,嘴角上翘,呈微笑状,令人敬而不惧,具有高度的艺术感染力。窟内还雕有 19 尊较小佛像,有不少造像题记。

图 4-1-12　李福造像

千佛崖共有造像铭记43处,其中有确切纪年的有十余处,包含唐武德、贞观、显庆、永淳和文明等年号。造像者大都是皇室、贵族、官吏和僧侣。铭记或刻于龛门外,或刻于佛像旁。

泰安市东平县的棘梁山造像(图4-1-13),在三块品字形巨石上共刻有大小造像600余尊,其中完整清晰者达500余尊。东崖壁多北齐、唐、宋造像。北齐一佛二弟子造像,主尊高9.7米,面相浑厚,五官宽大,眉间有白毫相,宽肩略耸,腹部平坦,穿褒衣博带式袈裟,衣纹呈平直阶梯形,略显厚重,倚坐平台上,手施说法印。两侧弟子均高9.5米,头部残,立于莲台上。三像丰圆健壮,符合北齐造像风格,堪称"中原北齐第一佛"。西崖壁多唐宋造像。有一佛二菩萨、一佛二弟子二天王二力士等组合像。唐代造像多属武周时期(690~705),符合唐代成熟期造像的特点。多通体磨光,面相方圆丰满,颈饰蚕节纹,眉间有凸起白毫相,发髻有螺髻、高肉髻等。着通肩式或双领下垂式佛衣。基座多为仰莲座。神情丰富,五官比例适度,接近真人形象。南崖风蚀严重,多唐宋单体像和罗汉像。棘梁山造像是鲁西地区数量最多、保存时间最长、内容最丰富的佛教造像。

图4-1-13 棘梁山摩崖造像

泰安市东平县斑鸠店镇六工山之阳的理明窝造像(图4-1-14),均为唐代造像，共49尊（包括供养人像）。刻于一块凸出的岩石上，一字形东西排列。造像头部大部分被毁，躯体较完整的有34尊。造像符合唐代武周时期佛教造像的标准形象，体现了唐代石刻艺术的高超技艺。其中，长安三年（703），由几位清信女捐造的三尊阿弥陀佛像，着双领下垂式佛衣，质薄贴体，面部丰腴，眉眼细长。五官雕刻细腻，面带笑意，神情丰富。胸部凸起，有头光并有彩绘，内有化佛7尊。但造像的基座雕刻较为粗糙。

图4-1-14　理明窝造像

烟台莱州市柞村镇盖平山崖壁上的盖平山摩崖造像（图4-1-15），共有上下两龛。上龛尖拱形，高1.23米，底宽0.95米，进深0.5米。正面雕刻单躯坐像，左右各一小龛，雕刻小佛像。主佛像高肉髻，面相方圆微长，双目微合，嘴角上翘，神态端庄。着圆领通肩袈裟，胸前衣纹下垂呈“U”形，施禅定印，结跏趺坐于台座上。圆头光，舟形火焰纹背光。下龛圆拱形，高1.4米，宽1.05米，进深1米，雕一佛二菩萨像。东壁8小龛，西壁11小龛，各雕一小佛像，龛口雕伏狮一对。主佛像高肉髻，面相丰圆，弯眉似月，嘴角微翘，外着褒衣博带式大衣，内着僧祇支，施禅定印。造像主从有序，比例适中，采用高浮雕、浮雕、阴线刻相结合的手法，符合北朝晚期造像特点。

图4-1-15　盖平山摩崖造像

济宁曲阜市九龙山中部的西南山坡上，有刻于盛唐时期的大小石佛洞龛6处。由南往北，第一龛面向西，为卢舍那佛像，结跏趺坐于须弥座上。两旁为阿难、迦叶及二菩萨，皆立于莲台之上，刻于唐天宝十五年(756)。第二龛雕菩萨立像，立于仰莲石上。第三龛为菩萨像，结跏趺坐于莲台之上，菩萨腰中部两侧分刻二力士。第四龛在第三龛下，内刻文殊菩萨坐在狮子之上。第五龛内刻普贤菩萨坐于白象之上，象踏莲花，象前后各有一力士，其下并列三小龛，分别刻有一佛二菩萨。第六龛雕有一尊立佛像。造像形象逼真，体态丰腴舒展，形体轻柔多姿。

济南市历下区龙洞山寿圣院龙洞内外有造像93尊。洞口高2.7米，宽1.3米，两侧石壁刻有“真气森喷薄，神功接混茫”。龙洞东西相通，长约百米。洞内高敞穹隆，石室可容纳数十人。洞壁雕刻3组佛像，有东魏天平四年(537)造像8尊(图4-1-16)，均为立式高浮雕。其中3尊高约4米，大耳，高肉髻，宽衣博袖，法相庄严，风格古朴。造像群集中在洞口及洞外的石壁上，多为隋唐时期雕凿。北侧石壁上镌刻宋元以来题记多方。其中,有唐武德三年(620)及元延祐五年(1318)题刻。造像雕刻手法不同,造型多变,神态各异,展示了各个历史时期的艺术特征。

图4-1-16 济南龙洞造像

龙洞山佛峪般若寺遗址石壁上,雕有隋唐时期20余尊摩崖造像。佛慧山黄石崖的崖壁上也雕刻有北魏正光四年(523)和东魏兴和二年(540)造像。东魏元象二年(539)乞伏锐在黄石崖造有佛像。

潍坊市临朐县县城西部石门坊景区崇圣寺遗址的摩崖造像(图4-1-17),最早开凿于北魏文成帝和平三年(462)。修建石门寺的同时,在其近侧石壁雕刻造像数十尊,“建德法难”中全部被毁。唐代佛教再度兴盛,石门寺扩建增修,为广宣佛法,壮其声威,天宝年间(742～756)又雕刻造像90余尊,至唐末“会昌法难”,造像被砸毁近半,现存50余尊也残缺不全。这批造像虽毁坏严重,但时代特征比较明显,雕刻技法也非常突出,是研究我国唐代佛教发展、造像雕刻技术及艺术特点的珍贵资料。

图 4-1-17　临朐崇圣寺造像

济南市历城区仲宫镇东郭而庄太甲山北麓的太甲山摩崖造像(图 4-1-18),共有 3 尊佛像,呈倒“品”字形排列。最下方一尊体量最大(图 4-1-19),高 2 米,宽 1.25 米,结跏趺坐,手施禅定印。除鼻子部位略有残缺外,保存基本完好。上方右侧佛像姿态与最大者相近,亦为坐佛,外罩袈裟,内着僧祇支,其袈裟的长摆披于窟外,层次分明,雕刻细腻。造像头部后面的崖壁上有彩绘背光,窟内残存有红蓝色的彩绘印迹。上层左侧一尊是三尊中唯一的立像,也是三尊中最小的一尊。高 0.9 米,宽 0.7 米,身披袈裟,左臂微曲,右手持物抬至肩前,两手皆手背向外,姿态淡定,雍容华贵。三尊佛像均为高浮雕,刻工细致,面庞端庄,具有隋唐风格。立佛外侧下方有一则题记,字迹已模糊不清,依稀可见有“法洛敬造阿陀像”几个字。由此可知,此造像应为佛家弟子法洛所敬刻。

图 4-1-18　太甲山摩崖造像全景

图4-1-19　太甲山造像(局部)

三、单体石造像

单体石造像是石窟造像与摩崖造像之外的另一种石刻造像形式。因其对地理环境的依赖性较石窟造像和摩崖造像相对减弱,多就地或就近取材,个体可大可小,工艺可繁可简,因此单体石造像在佛教信众中广泛供奉,数量之多,分布范围之广,远非其他材质、类型的造像可比。

单体石造像从雕刻形式可分为背屏式造像和圆雕式造像。背屏式造像即高浮雕造像后倚背光,主像多为一佛二菩萨,由背光连为一体,或为佛或菩萨单身像,后为举身背光。从造像的形态可分为立像和坐像。单体石造像一般都施有彩绘,但因留存时间久,保存环境变化,能够保留彩绘的并不多。

山东地区现存单体石造像数量丰富。自20世纪80年代以来,先后发现多处佛教造像窖藏坑。1980年,青岛市崂山法海寺遗址出土北朝佛教造像残体100余件。1976～1984年,淄博市博兴县龙华寺遗

址出土铜、石造像200余件，崇德村一处窖藏坑中发现青铜造像94件。1984年，潍坊市临朐县明道寺的北宋地宫内出土北朝造像残块1200余件。1988～1990年，诸城市发现多个佛教造像窖藏坑，出土北朝造像残块300余件。1993年，济宁兖州区泗河内出土一批北朝至隋唐造像。1996年，青州市龙兴寺遗址的宋代窖藏坑内出土北魏至宋代造像残块400余件。2003年，济南市历下区县西巷北宋地宫及窖藏坑内出土北朝至隋唐造像残块80余件。

滨州市博兴县、无棣县，潍坊诸城市等地出土窖藏佛像多属北朝晚期。潍坊青州市兴国寺、七级寺及龙兴寺出土造像则为北朝或宋代。济南市历下区县西巷发现的80余件窖藏佛像中唐代造像居多，也有东魏、北齐、北宋作品。在馆藏佛教造像中，东营市博物馆收藏有7尊、济宁博物馆有4尊、青岛市博物馆有4尊北魏造像，淄博市临淄齐文化博物院有3尊北魏造像、3尊明代造像。

山东地区的单体石刻造像材质以石灰石（俗称"青石"）最多，多为就地取材。临朐县大佛寺、白龙寺，青州市龙兴寺、皇化寺、惟仪寺，诸城市体育场等地毛坯造像的发现，印证了造像应为本地寺院作坊加工制作的推测。单体石刻造像中，还有一种汉白玉材质的造像，形体较小，多为普通百姓雕造，主要出现在山东北部地区。这与河北省定州市及周边区域是汉白玉造像主要流行区域有关。

尽管山东地区出土佛教造像多数残缺不全，但其细部结构仍能充分反映时代特征和高超的雕刻水平，是不可多得的艺术珍品，对研究我国早期雕刻艺术及佛教发展史有着非常重要的意义。

南北朝时期，南朝佛教崇尚义理，江南佛寺以营构大型建筑为主。北朝注重禅观，提倡德业，盛行石窟开凿。南朝梁武帝信奉佛教，与爪哇国和扶南国有密切接触，尤其是扶南国，其佛像和塔样传入我国南方。北齐与南朝有密切接触，在文化传统尤其是佛教文化方面受到南朝影响。山东地区不像中原其他地区重视石窟开凿,而是热衷修建寺院,在寺院内雕造大像。我国较大石质佛教造像的雕造,约在5世纪前半叶的北梁。5世纪后半叶,流行于北魏。

北魏时期是山东佛教造像风格的孕育期。造像的发型、眼睛与十六国佛教造像相同。面相清瘦,颈部修长,高发髻,体态消瘦,风姿轻盈,具有明显“秀骨清像”特征。北魏虽然是北方游牧民族政权,但统治者尊崇汉文化,佛教造像衣着由通肩式或袒右肩式大衣改为宽大博带的冕服(南朝官服),即“褒衣博带式”袈裟,呈“U”形或“V”形对称分布。衣服厚重,下摆外侈,线条隆起,飘逸而不失厚重。背光不再是同心圆,而是多莲瓣形。头光多为圆形,外面有一圈莲花瓣。形体沉稳而不失飘逸是这一时期造像的重要特征。北魏时期的菩萨像没有璎珞、玉佩等配饰,裙带没有装饰物,仅有简单的圆形项圈。

北魏早期佛像形体非常雄大,风格强悍,体态健硕。山东地区现存的北魏大像有淄博市临淄区西天寺造像、康山寺造像,青岛市博物馆的两尊丈八佛,滨州市博兴县兴国寺的丈八石佛等。

图 4-1-20　青岛博物馆北魏造像

青岛市博物馆收藏的4尊大型石刻佛教造像,其中两尊北魏造像高5.85米,重约30吨,俗称“丈八佛”(图4-1-20)。造像右手上举胸前,手指自然舒展,手心向外。左手自然向下,指端下垂,手掌向外,施无畏与愿印。高肉髻,脸型瘦削,高鼻深目,面呈喜色。内着僧祇支,外着褒衣博带

式大衣。下着裙，裙边外侈，跣足立于覆莲座上。造像下端的方形基座上雕刻有菩萨、托举力士、供养人像等。该造像与博兴县兴国寺的丈八佛非常相似。原在淄博市临淄区龙池村的醴泉寺内，抗日战争时期被日本人运到青岛。另外两尊为菩萨造像，高约3米，带项圈，内着僧祇支，下着裙，披帛由两肩下垂不交叉，左手前伸，右手下垂，持桃形环状物。

图4-1-21　博兴丈八佛

滨州市博兴县兴国寺造像(图4-1-21)，为青石立式圆雕造像，通高7.1米，像高5.6米。高肉髻，面方圆，丰硕大耳，面露笑容。施无畏与愿印。着通肩袈裟，内着僧祇支，胸前结带。衣纹舒展流畅，裙边外侈。人体比例准确，体态丰满自然，雕刻精细。跣足立于覆莲座上。基座正面雕刻力士、博山炉、迦楼罗，左右两面雕刻四组共26个供养人像。重修兴国寺碑记载，兴国寺始建于东魏天平元年(534)。

淄博市临淄区西天寺遗址现有两尊大型石刻造像。其中一尊为西天寺遗物，是北魏晚期的无量寿佛单体圆雕像(图4-1-22)。像高5.6米，宽1.8米，厚约1米。云纹高髻，面部丰满，表情祥和。身披褒衣博带式袈裟，内着僧祇支，胸前系结。手施无畏与愿印，跣足立于覆莲台上。

图4-1-22　淄博丈八佛

图4-1-23 临淄康山寺造像

另一尊为康山寺造像(图4-1-23),原立于临淄区齐陵街道办事处朱家终村以东的康山寺内。佛像高4.15米,宽1.9米,厚0.9米,跣足立于巨大的长方形石座上。佛像重10吨,基座重21吨。头饰螺髻,面庞丰满。身披袈裟,胸前打结,手施无畏与愿印。石座前、左、右三面雕刻有212个供养人像。从造像的面部神态、着衣风格及镌刻手法看,康山寺造像的身体部分应刻于北魏时期。而头部与身体的风格明显不一致,丝毫不具备北魏造像特征,显然是后人复制拼接上去的。经走访附近年长群众得知,佛像头部在20世纪80年代末期被盗走。

从造像特征及雕刻手法看,青岛市博物馆造像、临淄西天寺造像雕刻于北魏时期无疑,博兴县兴国寺造像则雕刻于东魏时期。但青岛市博物馆造像的年代要明显早于其他几处造像。

北魏晚期,山东石雕佛教造像的发展呈蓬勃之势,但从造像形态和雕造工艺看,仍处于造像的传入和模仿阶段。青州市及周边的博兴、广饶、高青、临朐、诸城、昌邑等县市先后出土了大量北魏晚期至北齐时期的造像。无论在材质还是在艺术风格等诸方面都与青州龙兴寺出土造像基本一致。材质绝大多数是当地出产的石灰石,间有少量汉白玉材质。造像的项圈为比较简单的圆轮状。造像形态以背屏式高浮雕一佛二菩萨三尊像和单体圆雕佛像为主。

青州市龙兴寺出土的北魏晚期造像(图4-1-24),通高1.21米,像高0.62米,下宽0.45米,上宽0.58米,厚0.06米。石灰石质地。造像背屏呈桂叶形,由本尊和六尊飞天组成。本尊高肉髻,面相清瘦,弯眉,眼微睁,高鼻,嘴角上翘,呈微笑状,大耳,细长颈。面部贴金,口涂

图 4-1-24 青州北魏晚期造像

朱红。内着僧袛支,胸前打结。外穿褒衣博带式大红袈裟,袈裟下摆外侈。双手残,跣足立于仰莲台上。头后有莲花瓣饰,四色花环和较宽的忍冬花花环组成头光。背光呈下窄上宽形状。六尊飞天在主尊上方呈左右排列,面部向前。飞天高发髻,眉清目秀,颈配项圈,上身袒露,下着遮足长裙,裙下摆飘逸自然。彩绘黑发,红色长裙。下方四尊飞天各手持一物,呈舞蹈状。上方两尊共托一椭圆形高颈瓶。

山东地区的北朝石刻造像最具特色,代表了山东石刻造像艺术的最高成就。形式以背屏三尊像和单体圆雕像为主,雕刻技术精湛,高浮雕背屏像立体感十足。圆雕菩萨像雕刻精细,婀娜多姿。造像有繁复的背光、火焰等纹饰和厚重的衣着。贴金彩绘比较普遍,主要在皮肤裸露部分,包括面部、颈部、双手、双足、袒露的右肩、胸部等。袈裟很少用黄金装饰。黄金装饰主要集中在项圈、璎珞等大宗装饰件和高冠、僧带等部位。青州龙兴寺有一尊北齐佛像的袈裟框格用0.5毫米宽金丝嵌制而成。

东魏时期是山东佛教造像风格的形成期。佛像衣着不再像北魏那么厚重,菩萨像的装饰逐渐增多,刻画更加细致。大中型背光式三尊像渐成主流,一佛二菩萨像最多。主尊仍以释迦和弥勒为主,发髻逐渐变矮,螺发多见,面相由清相向圆润过渡。多着褒衣博带式袈裟,内着袒右僧袛支,袈裟下摆由外展变为垂直下垂,衣服由厚重变薄。雕刻技术也发生了变化,开始精雕细凿,一般采用平直刀法,此时出现圆润刀法。东魏中期前后,佛像体态健硕,衣纹多采用半圆形的凸起线条,较稀疏。东魏菩萨像有各式各样的项圈和精致的璎珞,配上曲折多变的裙褶和裙摆。

济南市历城区柳埠镇神通寺遗址的四门塔内,有雕造于东魏武定四年(546)的4尊佛像(图4-1-25)。佛像位于塔心柱的四面,高1.4米,由整块大理石雕刻而成。东、南、西三尊佛像双手置于腹前,施禅定印,而北面一尊双手分于两膝。4尊佛像均结跏趺面门坐于方形须弥座上,神态各异,端庄自然。面型方圆,螺发低髻。小嘴,高鼻,柳叶眉,大耳,面色凝重。内着袒右僧祇支,在胸前或偏左打结,褒衣博带式贴体袈裟。衣纹流畅,线纹深刻,刻工精湛。四佛各有名号:西面佛叫无量寿佛,南面佛称保生佛,东面佛为阿閦佛,北面佛是微妙声佛。据佛经记载,世界分为四个方位,每个方位都有一个大智大勇的佛掌管。方形佛座上旧有东魏武定二年(544)杨显叔造像记和唐景龙三年(709)尼无畏等造像记。

图4-1-25　四门塔东魏造像

北齐虽前后延续不足30年,时间非常短暂,但却是一个在艺术史上大放异彩的朝代。绘画、书法成就毋庸置疑,雕塑艺术特别是佛教

造像艺术达到了新的高度，在学术界引起广泛关注。

山东地区的北齐佛像多单体圆雕造像，分佛像和菩萨像两种。圆雕菩萨像分朴素简单和较为华丽两类，后者占多数。造像风格也与北魏、东魏有较大不同。尽管“千佛一面”，但山东地区北齐造像的面相却存在多样性，有长圆脸、长方脸、圆脸等多种形式。发髻有螺纹髻、云纹髻。佛像表面磨光，体型矮粗，肩宽腰细，短圆面相，低平螺发髻，薄衣贴体。穿浅线袈裟，身上无任何线条，仅用身体的突出部位表现其身材（以体造型）。追求形体美、线条美，注重人体的写实和艺术的加工。佛衣几乎不刻褶纹，仅在领口、下摆处暗示。衣纹多作双线纹下垂，具有印度笈多王朝鹿野苑式样雕塑风格。佛衣表面一般施有彩绘，多数着通肩式袈裟，少数着袒右式袈裟。北齐菩萨像在东魏菩萨像的基础上有所发展，宽裙带刻有精美图案，手腕上出现手镯，外部串饰逐渐增多，显现出“出水芙蓉”的艺术风格。

青州市、诸城市出土的北齐时期造像中，背光式造像数量较少。主尊造像多螺发矮髻或磨光矮髻，面相饱满丰润，脖颈变粗，宽肩细腰隆胸，服饰轻薄，简刻衣纹或不刻衣纹，仅在衣服边缘刻出曲边，紧贴身体，突出体型。

图 4-1-26　龙兴寺北齐彩绘佛像

青州市龙兴寺出土的一尊北齐佛像（图 4-1-26），高 1.25 米，石灰石质。螺发矮髻，面相丰满。长眉，大眼微闭，高鼻，小嘴，重颌，肥耳。内着僧祇支，外披通肩袈裟。袈裟紧贴身体，刻出凸起的垂纹，显露出健美而富有活力的肢体。刀法自然,形象生动。

滨州市无棣县出土的北齐天保九年(558)造像,为一佛二菩萨背屏像。通高1.2米,宽0.56米,主佛高0.59米。舟形背光,顶部刻塔,两侧各有一飞龙,形态生动。塔下两侧各雕刻三飞天,裸上身,下着长裙,露足,一手举宝珠,衣带飘逸。主尊高肉髻,面相丰满适中,体型清瘦。内着僧祇支,胸前打结。外披对襟式袈裟,手施无畏与愿印。主尊立于覆莲座上,两侧菩萨像高0.37米。头戴莲瓣形高宝冠,袒胸,下着长裙。披巾交叉于腹部,一手持花蕾立于仰莲座上。长方形底座高0.21米,宽0.23米,长0.52米。前面居中雕刻一香炉,两侧各雕刻一蹲踞状狮子,长尾上翘,雄壮威武。其他三面刻铭文。

北齐菩萨像比例适度,轮廓简洁,做工精巧,华美端庄,体型展现出曲线美。不但雕刻精美,而且注重装饰。项圈是必备品,有的大连珠项链上坠瑞兽头。

潍坊青州市龙兴寺出土的北齐菩萨像(图4-1-27),通高1.36米,像高1.08米,榫高0.28米,石灰石质。面相清秀,弯眉,大眼,高鼻,小嘴,大耳垂肩。重颔,细长颈,配精细项链。项链由连珠状项圈、口含五个花蕊的瑞兽头及瑞兽嘴两侧的连珠组成。头戴透雕花冠,花冠中部有一化佛。双手握佛珠一串,佛珠与花冠两侧宝相花连成冠饰。内穿对襟上衣,外着披帛,披帛上托精美璎珞。披帛和璎珞由双肩下垂至膝部,再交叉上卷至肘部,左手握住后再飘然下垂。长裙垂至脚面,裙带上浮雕立体佛像、宝相

图4-1-27 龙兴寺北齐菩萨像

花、忍冬花、瑞兽等图案。跣足立于莲蕊上，脚趾伸于莲蕊外。造像雕刻技法娴熟，表现手法精细，人体比例恰当，尽显华贵、高雅。

潍坊市临朐县明道寺舍利塔地宫中出土的600余件佛教造像残块中，有8件半跏思惟像残件，其中6件是石灰石材质，2件是青绿色滑石材质。除1件具有东魏特征，其余7件北齐特征明显。衣纹刻画简练细腻，造型优美。与龙兴寺半跏思惟像类似。

济南市历下区县西巷出土的一件北朝菩萨头像，由青石雕刻，质地光滑。线条圆润流畅，头戴花冠。面相方圆，神情略带微笑，生动传神，活灵活现。

北齐时期也有大像出现，据青州博物馆《司空公青州刺史临淮王像碑》记载，北齐武平四年(573)青州刺史临淮王娄定远为还心愿，在青州南阳寺雕造巨大无量寿佛一尊，并造观世音和大势至二大士。

青州龙兴寺出土5尊卢舍那法界人中像，诸城市出土4件，临朐县、博兴县也有出土。山东出土卢舍那法界人中像应该在12件以上。卢舍那佛是《华严经》尊奉的主佛，这说明当时在青州市及周边地区已经流传华严经典。

北齐末至隋代佛教造像(图4-1-28)，肉髻低平，面相长圆，双目低垂，表情严肃，身体挺拔，略显僵硬，削肩隆胸，腹内收，体态窈窕，服饰轻薄贴体。菩萨造像更趋简洁。

隋唐时期，随着国家的统一和社会的繁荣，佛教发展逐渐走向世俗化、民族化的道路。全国范围造像风格渐趋一致，更注重形体和人性的展现。

隋代以前菩萨为男性形象，隋唐之交开始出现女菩萨，唐代中期以后菩萨完全变为女性形象。因为佛教偶像中女性太少，对争取女信徒不利，于是把菩萨精心塑造成善良美丽的汉族女性形象，既符合其大慈大悲的特定性格，也符合中华民族的审美情趣。

图 4-1-28　北齐末至隋代佛教造像

隋代造像相当“胖”:面部方圆丰润,眉毛纤细,鼻梁挺直,唇线分明,神情平和。全身比例不太协调,头大,上身长,下身偏短,腰宽,腹部微凸。外部轮廓曲线不多,纹饰简练,形体质朴健壮,浑圆丰满。姿势较为僵硬,造型稍显呆板。有石雕般的质感,缺少飘逸的动态美。头顶发髻已经全是螺纹发。菩萨多戴花冠。隋代造像有过渡特色,有些特点被唐代继承发展。

唐代是中国佛教发展的第二个繁盛期,也是造像水平最完美的时期。盛唐时期造像具有汉传佛教独有的丰盈唯美风格。佛和菩萨的形象到唐代已基本定型,逐渐类型化。造像多通体磨光,体态丰满圆润,造型精巧。面相方圆饱满,丰胸,小腹突出。服饰贴体,袒露较多。有的颈饰蚕节纹且眉间有突起白毫相。发型除了螺纹式,又发展出水波式。大耳下垂,神情庄重而又不失慈祥。造像神情丰富,雕刻精细,五官比例适度。身材比例匀称,结构合理,体态丰腴饱满。袒露的胸肌起伏变化,写实性较强,而且体态自然舒展,具有很强的动感。衣饰

越来越多样化,有通肩式、袒右肩式和褒衣博带式,更多的是方领下垂式。衣料质感柔和轻薄,服饰简洁,衣纹流畅。下身衣褶悬搭于座前,像台布一样。佛像的台座多为圆形束腰式,有六角、八角、圆形或花口形底边。造像如果鎏金,则鎏金泛红,这也是唐代造像的典型特征。

济南市历下区县西巷出土的唐武周时期弥勒像(图4-1-29),垂足坐于方形须弥座上。须弥座下为方形石台,双脚平放其上,方台正面有造像题记。造像头部及右臂残缺,无法看出头部特征和佛像手印。通体磨光,内着袒右式僧祇支,外穿褒衣博带式袈裟。衣薄贴体,皱褶浅显,比例适当。

县西巷出土的唐代菩萨像(图4-1-30),头部及左小臂残缺。比例协调,薄衣透体,装饰华丽,雕刻精美。批帛自右肩下垂至腹部,在腰间缠绕后,由腕部下垂绕到身后,给人以飘逸生动之感。唐武则天时期(690～705),颁布《大云经》,敕令全国各州建立大云寺,此造像应为当时大云寺遗物。

图4-1-29　济南县西巷唐武周弥勒佛像

图4-1-30　济南县西巷唐代菩萨像

东营市广饶县小张乡南赵村出土的皆公寺唐代造像(图4-1-31),通高约0.51米,为高浮雕一佛二弟子二菩萨背屏五身像,背屏为桃形。主佛像为阿弥陀佛,素面桃形头光。高肉髻,肉髻前部嵌宝珠。面相丰腴,双目微闭,嘴小唇薄,双耳垂肩。内着僧祇支,外披袈裟。右手抬掌曲二指,左手扶膝,结跏趺坐于方形台上。两赤足各踩一覆莲台。覆莲台由一托举力士用双手和头部相托。主像两肩处各浮雕一摩羯鱼,左右各浮雕一弟子。弟子面圆,短颈,双手抄于腹前,跣足立于莲蕊台上。左右菩萨高0.2米,头戴花瓣形宝冠,内刻化佛。宝缯垂肩,面相方圆,内着圆领兜裙,外着披帛。左右手腕戴双镯,对称曲于胸前,勾握饼形饰和提领帛带,体态婀娜,跣足立于覆莲台上。背屏顶端浮雕半身盘臂化佛,下身呈圆盘状,由左右两飞天承托。飞天头戴遮耳帽,上身裸露,下身着露脐兜脚裤,纹呈螺旋式,对称手持宝珠。下侧二飞天双手持排箫一奏一止。台基前浮雕裸身盘坐力士,头手顶举佛脚莲座。两边各有一护法狮,对称回首相向。下两角各浮雕一持剑天王,呈对称姿。背屏上的摩羯鱼是古印度神话中的怪兽。它是通过佛教经典、印度与中亚的工艺品等渠道传入我国的。唐代摩羯鱼形象除了出现在佛教造像中,还出现在人们的日常生活中,成为部分生活器具上的图案。造像创意深刻,内容布置均衡协调,层次分明。雕刻技法娴熟,自然圆润。袈裟衣纹线条流畅,采用漫圆雕,薄衣透体。飞天面似童相,又着兜脚裤,雅趣雍容,姿态优美,帛带袅袅,栩栩如生。菩萨衣纹稀疏柔和,肢体多为富于变化的“S”形,自然生动。这是唐中期菩萨立姿的突出特征。造像整体造型美观大

图4-1-31　皆公寺唐代造像

方，内容丰富，题材新颖，构图相得益彰，而且表现出细腻精湛的雕造工艺，是我国唐代佛教造像中一件珍贵的石雕艺术作品，为研究我国佛教及美术史提供了宝贵的实物资料。

唐代晚期造像，如泰安市东平县理明窝摩崖造像中咸通十四年(873)造像，着通肩式袈裟，衣纹呈泥条状。螺纹发髻，头似圆球，眼球较小，突出明显，目光俯视，面容比较丑陋。

宋代造像更有亲和力，生活气息浓厚。人物形体刻画完美，面庞丰润，容貌端庄秀美，神情慈爱，姿态随意活泼。头顶肉髻趋于平缓，螺发与肉髻之间的髻珠更加明显。北宋末年造像，绝大多数为体积较小、雕刻较粗的罗汉造像，衣纹线条也比较粗，体态稍显生硬。

辽金时期造像与北宋有所不同。造像两肩宽厚，体态丰满厚实，上身偏长，下身略短。菩萨像多头戴高冠或三叶形宝冠，两眼似闭未闭，鼻挺唇薄。上身袒露，项挂璎珞，帔帛绕肘。下身着裙，线条流畅，衣饰飘洒自然，施彩敷色，讲究华丽繁缛。莲座盛行束腰大仰莲(莲口向上)，莲瓣肥硕，尖端略向外翘起，下层多为三层台阶状或是覆莲状(莲口向下)。佛像台座开始流行方形。

元明清时期，佛教造像宗教色彩淡薄，欣赏性日益增强，各种小型瓷、牙、木、石观音造像流行。

元代佛像深受印度及藏传佛教的影响。佛像面部为倒置的梯形，五官紧凑。菩萨袒露上身，胸佩璎珞，璎珞的颗粒较大。下身着裙，纹络简洁。蜂腰长身，姿态妩媚，高乳丰臀，具有印度巴拉王朝造像风格。

明代佛像又回归传统审美。面相丰润，细眉长目，高鼻，薄唇，额头较宽，大耳下垂，表情庄重而不失柔和。身材比较匀称协调，衣着轻薄贴身，线条流动柔和，衣褶转折自若。最大特征是宝冠叶片呈镂空状，正中叶片呈弯月形。台座为束腰仰覆莲座，莲瓣宽肥。衣服边缘

刻细碎的花纹。腿部装饰略呈椭圆形裙褶。如造像有鎏金,则金水成色足,黄中泛红。这些都是明代造像独有的特征。

淄博市临淄区齐文化博物院收藏的3尊明代造像(图4-1-32),出土于闻韶街道办事处相家社区兴福寺遗址。造像均结跏趺坐于方形须弥座上,螺发高肉髻,面相丰润,大耳,小口,高鼻,颈短,面色凝重。佛衣贴体,衣纹流畅,但雕刻稍显粗糙。

图4-1-32 临淄齐文化博物院藏明代造像

清代的佛教造像工艺已经登峰造极。造像五官、身材比例、衣着、衣纹、饰品雕刻精致,多穿汉服。莲座底沿明显外撇,莲瓣规整、扁平,一般只围大半,冠叶呈平板状,不镂空。

山东地区佛教造像主要有佛与菩萨两大主题。造像的发展趋势遵循这样的规律:主尊发髻由螺发高髻和波状高髻逐渐变矮,面相由瘦骨清相逐渐方圆丰润,由溜肩到宽肩,佛衣由特别厚重到无厚重感。主尊肩部的棱状衣纹渐平,甩搭左臂肘的右领襟上升至左肩部。衣裙下摆外撇幅度减小到垂直,进而内收。菩萨服饰由朴素变复杂。矫健有力的护法龙由“Z”字形逐渐变成“S”形,口喷一线“仙水”或口衔莲

秆引出莲台、荷叶、莲蕊等组成胁侍菩萨站立的台座。护法龙、荷叶、莲台、夜叉、力士、化生童子形成一幅充满生机与活力的护法化生组合。

龙和飞天是佛教艺术的常用题材,也是古人浪漫主义思想与社会现实相结合的产物,在佛教造像中常常出现。

龙既是中国传统的祥瑞之物,又是八部护法之一。南北朝时期,龙在佛教元素中占据了一席之地。从青州龙兴寺出土佛教造像可以看出,北魏中晚期的背屏式造像一般将龙刻于背光顶部,是一条独立的龙,称为“飞龙”或“腾龙”。北魏晚期至东魏早期,龙一般刻于主尊下的莲座两侧,龙身压于主尊之下。龙的形象多头部侧视,身形粗壮,龙尾细长,张大的龙嘴里吐出水柱,承托荷莲雕刻。荷莲造型一般作为胁侍菩萨的基座。东魏中晚期,龙刻于主尊下侧的莲座两侧,身躯渐露,形体瘦小,几乎是浅浮雕。东魏后期到北齐,龙刻于主尊下莲座两侧,形体逐渐变大,由瘦弱变强壮,多为高浮雕,有的部位为透雕。胁侍菩萨下方的龙为游龙。东魏初期,多数背光式造像顶部的腾龙被化佛或佛塔取代,而胁侍菩萨与主尊之间的游龙越来越突出,常与充满生机的荷莲组合。这是龙兴寺出土造像反映出的规律,虽然不能以偏概全,但也能看出龙在佛教造像雕刻艺术中发展的局域性规律。

因释迦牟尼大彻大悟的菩提树旁有两朵盛开的莲花,而使莲花与佛教结下不解之缘,成为佛教造像非常重要的元素之一。龙衔莲花意为水中生莲,菩萨和佛立于莲台之上意为佛法兴盛。龙衔缠枝莲花以及胁侍菩萨立于龙衔莲台上成为北魏末期到北齐初期流行的青州造像要素。

飞天作为佛教的八部护法神之一,也是佛教艺术中不受局限的艺术形象。飞天梵名为干闼婆,又称“香神”或“香音神”,可分为供养飞天和伎乐飞天。供养飞天又分为托塔飞天和执供飞天,伎乐飞天分为演奏飞天和舞蹈飞天。佛教造像中的飞天刻画欢快热烈，动作潇洒飘逸，自由活泼，充满生机与活力。飞天造型为上身袒裸，肩披帔帛，腰束长裙，手持乐器，飘飞的衣裙似火焰，让人联想到西方极乐世界的快乐与自由。龙兴寺出土造像中雕刻的飞天，早期的为线刻，偏晚的为浮雕，东魏中期则为高浮雕，局部有透雕。

山东各地区的单体佛教造像除了具有明显的时代特点，也存在一定的地域差异。在经历了“三武一宗”四次大规模的灭佛运动及多次战争和自然灾害侵袭后，佛像遭到严重毁坏。修补、收集、保护佛像也是佛教信徒的功德。他们将残破的佛像进行收集整理，像埋藏舍利一样将它们埋藏起来，为我们今天的佛教研究工作留存了大量的实物资料。

近年来，随着山东经济文化建设的全面开展，在配合基本建设的考古工作中，发现并出土了大批佛教造像或残块。这些造像及残块的面世，不但为深入研究山东地区佛教造像以及佛教发展史提供了充足的实物资料，也使这批古代雕刻艺术品重新展露艺术风采。

第二节　罗汉造像

罗汉全称“阿罗汉”，指原始小乘佛教信众修行所达到的最高成就。小乘佛教认为，佛教徒修行可以达到不同的果位，并把果位分为四个阶段：初果为预流果，在轮回转世时不会堕入“恶趣”（指变成畜牲、恶鬼等）；二果为一来果，轮回时只转生一次；三果为不还果，不再回“欲界”，受生而能超生天界；四果为阿罗汉果，为小乘佛教修行的最高果位，达到涅槃的最高境界。

罗汉作为小乘佛教证得果位最高的人物，在大乘佛教中位居佛、

菩萨之后排第三位。罗汉皆身心六根清净，无明烦恼已断(杀贼)；已了脱生死，证入涅槃(无生)；堪受诸人天尊敬、供养(应供奉)，永远不会再投胎转世遭受生死轮回之苦。罗汉受佛祖嘱托，步入涅槃，常驻人间，守护佛法。在寿命未尽之前，留驻世间，梵行少欲，戒德清净，随缘教化众生。

作为小乘佛教修行者追求的最高果位，罗汉形象是随佛教在中国的传播和发展，由本土自生演变而成的。

罗汉造像最早出现在南北朝时期的石窟寺中。唐代时初步发展，五代时对罗汉的尊崇开始风行，两宋时期达到高峰，宋代以后成为佛教造像的常见题材。东晋译经《舍利弗问经》中指出，佛祖涅槃时指派大迦叶、君屠钵叹、宾头卢和罗云四比丘“住世不涅槃，流通我法”。据佛教典籍记载，迦叶、阿难都证得罗汉果位，是涅槃图、说法图中佛教故事的固定成员。后来佛经中将四罗汉增加为十六罗汉，现存汉译佛经中有关十六罗汉的记载，最早见于唐玄奘所译《大阿罗汉难提密多罗所说法住记》，其中明确记载了十六罗汉的名称及事迹。此后，罗汉作为佛教的一神独立出来，受到尊崇，并逐渐普及。唐代末年发展为十八罗汉，苏轼著有《十八大阿罗汉颂》。元朝以后，十八罗汉取代十六罗汉成为佛寺中罗汉塑像的主要形式。《高僧传》卷十二记载，五百罗汉最早于东晋出现在天台山。五百罗汉指释迦牟尼去世后参加第一次佛经结集的五百比丘，以大迦叶和阿难为首。这只是佛教传说之一。《十诵律》卷四中有听释迦牟尼说法传道的“五百罗汉”的记载。其他佛经中也多有记载。清代时，佛教将五百罗汉扩展到八百罗汉。

罗汉与一般和尚一样，穿汉化的僧衣。近代常将罗汉像塑于大雄宝殿中，作为释迦佛或未来三世佛的护卫。

后周显德元年(954)，道潜禅师在净慈寺创建罗汉堂。宋代各寺院修建罗汉堂或罗汉阁。罗汉堂是寺院中最中国化、最具人情味的殿堂。艺术家可以驰骋想象,自由发挥创造,以现实生活中的人物原型来塑造生动的罗汉形象。罗汉堂常建成"田"字等形状,堂中塑造并供奉罗汉像。

唐代罗汉造像有明显印度风格。五代、两宋时期出现本土风貌,五官、衣着式样、形貌与现实生活中修行的本土僧侣相似,与世俗生活高度融合。罗汉的世俗像绝对不是普通人形象,而是以现实生活中的僧侣为原型,既有凡人的形象,又具有宗教指代意义。罗汉像中汉僧形象居多,长垂大耳是佛性特征,光头圆脸,脸型丰满,眼、鼻、口与汉人相同,比例与真人相仿,内穿僧衣,外穿僧服,有的穿汉式僧靴。

唐代是一个泛佛崇拜的时代,从佛教主要人物到现实高僧再到功德主,都可以纳入佛门雕塑的范围。弟子可以为高僧塑像,供养人也可以为功德主塑像。石窟和寺院中的佛教造像已经表现出明显的民族化、世俗化,体现出唐人以胖为美的特点,形象丰满、面相丰腴、五官与汉人相同。

唐代后期到北宋末年的佛教造像多为体积小、雕刻粗糙的罗汉造像。体态清瘦,着交领内衣,外披双领下垂式袈裟,服饰仅用几条线条来表示,多坐于束腰须弥座上,分为头戴僧帽的罗汉和光头罗汉两种,基座上往往刻有供养者姓名。唐宋时期罗汉造像表现出世俗相,其根本原因是佛教在中土传播的深入以及与中土文化融合。

济南市长清区灵岩寺的千佛殿内保存有40尊泥塑罗汉塑像(图4-2-1)。其中32尊为宋塑,8尊为明代新塑。千佛殿建于唐贞观年间(627~649),宋、元、明、清代多次维修,现存殿宇为明代建筑。

据文献记载,这批罗汉塑像原在位于山坳洪水通道上的般舟殿内,共32尊。般舟殿垮塌时,砸毁了其中的5尊。人们把残存的27尊搬到千佛殿内,并补塑了被砸毁的5尊,明代重修寺院时又新塑了8尊。

图 4-2-1　千佛殿东侧罗汉像

千佛殿罗汉塑像坐于大殿东、西、北侧高0.8米的砖砌束腰座上，像高1.05～1.1米，比真人稍大。肤色不同，神态各异，形象生动，塑造精湛，线条流畅，比例匀称。色彩浓淡适度，用朱砂红、黄丹、石绿等矿物质颜料涂画，不易褪色。塑像侧重写实，以现实人物为基础，摆脱一般佛教造像的固定程式，神态、气质、性格刻画细致入微，眉眼有神，口鼻传情，有呼之欲出之感，衣着服饰与人物生理及性格贴近，具有宋代风格。梁启超称其为“海内第一名塑”。艺术大师刘海粟有“灵岩名塑，天下第一，有血有肉，活灵活现”的赞叹。贺敬之赋诗“传神何妨真画神，神来之笔为写人。灵岩四十罗汉像，个个唤起可谈心”赞之。

最引人入胜的是，这些塑像不是虚幻的偶像而是现实生活中高僧大德的写真。西侧第13尊是灵岩寺的开山祖师朗公(图4-2-2)。郎公和尚即竺僧朗，京兆人。东晋时来到济南，在泰山北麓的昆嵛山和方山分别建立了神通寺和灵岩寺，使当时齐州的泰山成为山东最早的佛教中心之一。西侧第12尊为法定和尚(图4-2-3)。法定大师于北魏正光初年来到灵岩，爱其泉石，先于山之阴建神宝寺，后于山之阳建灵岩寺。东侧第14尊为鸠摩罗什(344～413)。鸠摩罗什是后秦僧人，祖籍天竺，出生于西域龟兹国(今新疆库车)。家世显赫(图4-2-4)，与玄奘、不空、真谛并称“中国四大译经家”，并位列四大译经家之首，是世界著名思想家、佛学家、哲学家和翻译家，也是中国佛教八宗之祖。他一生译经294卷，多为般若系列的大乘经典，其译经和佛学成就可谓前无古人，后无来者。西侧第7尊是天台醉菩提济颠和尚（图4-2-5）。济颠和尚俗称“济公”，为南宋僧人（1148～1209），原名李心远，台州（今浙江临海）人。法号道济大师，在现实生活中是一位不受戒律、举止癫狂的“疯和尚”，诙谐幽默的性格招人喜欢，是寺院罗汉塑像中必不可少的人物形象。

灵岩寺罗汉塑像的胎骨有铁质和木质两种。一般用粗泥捏制出大致形态，干后用黏软的细泥塑成基本形象，细泥干后用榆皮绒、麻筋、细沙、胶泥等合成的泥膏塑造细致部位。整体干后整形，敷底色，最后用点、染、刷、涂、描等技法敷彩。手足、面部等露出部分涂上油蜡或蛋清，突出柔软、光泽。西侧第11尊摩可罗老比丘（图4-2-6）罗汉像体腔内存有一尊模样形态与外部罗汉极为相似的铁质罗汉。

图4-2-2　朗公和尚

图4-2-3　法定和尚

图 4-2-4 鸠摩罗什

图 4-2-5 济公和尚

图 4-2-6 摩可罗老比丘

从塑像铭文、工匠题记、碳-14测定数据以及体腔内发现的宋代钱币等因素判定,千佛殿内多数罗汉像为宋代塑造。西边第17尊罗汉像体腔内保存工匠墨书题记。据题记,该像为盖忠立于治平三年(1066)。盖忠,德州临邑人,北宋著名雕塑家。由西侧第11尊罗汉像体腔内取出的铁罗汉基座上也有“熙宁三年”纪年，熙宁三年是1070年。明代塑像为明万历年间(1573～1620)补塑。

济南市长清区真相院释迦舍利塔地宫出土的9件银罗汉(图4-2-7)，不仅具有汉人的模样与着装，而且也表现出凡人的情感。青州市龙兴寺也有北宋彩陶罗汉像残块出土，对龙兴寺佛像窖藏坑的断代起到关键作用。

罗汉造像不仅是佛教发展过程的时代产物，也是佛教中国化的典型物证，对研究佛教发展的时代特点及本土特征具有非常重要的意义。

图4-2-7　真相院银罗汉

第三节　白陶造像

白陶造像是指以瓷土为原料，模制成胚，入窑低温(约800摄氏度)素烧而成的单体造像。因胎体及表面呈灰白色而被称为白陶造像。虽然以瓷土作为原料，烧造过程也使用了素烧的工艺，但因烧结程度低，吸水率在15%以上，达不到瓷器的指标，仍被归为陶器类。

据唐玄奘《大唐西域记》等文献记载，白陶造像这种佛像形式应来

源于印度,在国内是较少见的一种造像类型。目前,仅在山东、河北境内有所发现,其中山东地区出土数量最多。白陶造像因发现时间晚、出土数量少以及受地域限制,一直没有引起学术界的重视。目前发现的白陶造像只有佛和菩萨两种题材。

1976年,在滨州市博兴县龙华寺遗址发现8件白陶佛造像和莲花座。后来,又在该地先后出土56件白陶佛造像及其残件。2000~2009年,山东省博物馆在淄博市高青县胥家庙遗址发掘出土13件白陶佛教造像及其残件。2003~2004年,山东省文物考古研究院与瑞士苏黎世大学东亚美术史系合作发掘临朐县白龙寺遗址,出土4件白陶佛教造像及其残件。2006年,河北省文物考古研究院在南宫后底阁遗址出土3件白陶菩萨残件。这几处遗址出土的白陶造像形制基本相同,只是在制作材料和工艺上有所差别。高青县胥家庙遗址出土的一尊白陶佛像的头光与像体是分体安装的,其头部后侧有榫眼,而博兴县龙华寺遗址出土的造像则是一体的。河北省南宫后底阁遗址出土的造像表面呈褐色,应与制作材料有关。

白陶佛造像的主要特点是以瓷土为原料模制素烧而成。形体较小,通高一般在0.25米以下,最小者高度不足0.1米。像座与像身是分开的,像身下面一般有半圆形榫柱,插入像座半圆形榫孔中。白陶造像胎质灰白色且里外一致,制作精细,少数表面施黑、白彩绘或贴金。一般红彩饰衣饰和莲花座,黑彩饰发髻和眉眼,贴金主要饰裸露的皮肤。其形体多为单体像,背面较平坦。白陶造像属于佛教造像的独特类型,具有较高的艺术价值和研究价值。

现存白陶造像多肉髻大而低平,呈馒头状,圆脸,五官紧凑,双肩浑厚,衣褶贴体厚重。菩萨头戴花冠,冠中央有摩尼宝珠。面丰圆,眼微启,略含笑意。形体修长,姿势端正。璎珞为玉米状或珠状组饰。下裙在腰际外翻,衣裙下摆平直。这些特征与北齐和隋代造像风格比较一致。白陶造像的底座一般为下部双层叠涩方形,上部为覆莲座。

1983年,在滨州市博兴县龙华寺遗址出土的一尊北齐白陶菩萨立像(图4-3-1)比较完整。佛像通高约0.22米。头光高0.053米,宽0.043米,厚0.006米。像高约0.16米,肩宽0.034米,臀宽0.048米。底座高0.037米,边长0.075米。菩萨面部圆润,长眉细目,上身裸露,桃形背光与肩部相连,头戴花蔓宝冠,璎珞自双肩垂至腹部交叉。右手半握贴右胸部,左手置左腿侧,食指与拇指间捻一宝珠。下身着贴体长裙,外覆短裙,裙上沿外翻,腰间束带。跣足立于带榫柱的半圆覆莲座上,榫柱插入基座的卯孔中。覆莲下面为双层方形底座,底座中空。造像做工精美细腻,线条自然流畅。该造像的出土为研究北朝佛教造像艺术提供了宝贵的实物资料。

图4-3-1　龙华寺北齐白陶菩萨像

潍坊市临朐县博物馆收藏的一件北齐白陶菩萨造像与上述造像相似(图4-3-2)。菩萨像通高约0.24米,像高约0.2米,头后有桃形背光,头戴花蔓宝冠,两侧打花结,下垂至肩部。面相方圆丰润,弯眉涂黑色,高鼻,小嘴,唇涂朱红,略带笑容。颈短粗,颈部有项饰。右手持物,举于胸前。左手拇指和食指捏宝珠,下垂于体侧。红色帔帛自双肩沿体侧呈波浪形下垂于足

图4-3-2　临朐北齐白陶菩萨像

腕，至膝部向体侧翻卷。璎珞呈玉米状，涂黑色，自双肩下垂交叉于腹前。腰系双层裙，白色裙腰前翻，白色系带垂于腹前。外层为朱红色短围裙，内层为朱红色长裙，裙下摆齐平，垂于足腕上部。

临朐县白龙寺遗址出土的两件菩萨塑像和底座均为白陶制作，烧制温度较低，是北齐时期的作品，与博兴龙华寺遗址及临朐县出土的白陶造像相似。

山东地区现存的白陶造像主要发现于寺院遗址，有的发现于遗址的文化堆积中，有的出现在遗址的窖藏坑内。博兴县龙华寺遗址发现的一尊菩萨像，背后墨书题记为“比丘尼令晕敬造”，造像主应为寺僧。据目前研究资料显示，白陶造像初步推测为寺院活动所用。

随着考古发掘工作的不断开展，将会有更多的白陶造像出土，研究资料将会越来越丰富，对白陶佛教造像的研究也会越来越深入。

第四节　青铜造像

山东地区除石质造像和陶质造像外，还保存有较多的青铜造像。青铜造像受冶炼技术、铸造工艺等因素影响，一般体量较小。

十六国时期的佛教造像多为青铜造像。佛像头部为束发式高髻，小型佛像以磨光式肉髻居多，并且无发纹；大型佛像多为分绺式，且有分组状发纹。背光一般为同心圆形。眼睛较大，呈横长杏仁状，目光平视。鼻梁高挺，容貌端庄清秀，神情平静温雅。佛像台座一般为造型简单的四方台或者是四面束腰的须弥座。

1978年，在潍坊诸城市林家村出土的陶罐中，发现了6件鎏金铜佛像。有铭文的是北魏太和十四年(490)的如来立像和太和二十年(496)的如来坐像。另外，还有东魏至北齐的两件背屏三尊像和两件单体菩萨立像。其中,北齐的两件单体菩萨立像脸庞丰满,有圆形头光。

1981年,在滨州市博兴县高昌寺遗址出土的东魏青铜佛立像有单纯火焰纹背光。

1983年9月,在滨州市博兴县崇德村出土了101件北魏至隋朝时期的小型青铜佛像。这批青铜佛像埋藏于地表以下0.4米深的红陶坛子里。最大的高0.28米,最小的仅高0.07米。有明确纪年的有39件,时间跨度从北魏初到隋朝。其中,北魏时期佛像的数量最多,东魏、北齐、隋代的各有几件。这批造像铸造工艺简陋,具有小型佛像性质,背屏式背光单体佛立像或菩萨像多于背屏式三尊像。有明确纪年造像的出土为青铜造像的断代提供了直接证据。

滨州市博兴县龙华寺窖藏出土的北魏太和二年(478)落陵委造观世音像(图4-4-1),通高0.16米,宽0.067米。主尊头戴三瓣宝冠,圆形头光,背屏边缘有火焰纹背光。上身裸露,披长巾,下穿贴体长裙。右手持莲蕊,左手持净瓶。跣足立于覆莲座上,覆莲座由方形四足床承托。

图4-4-1　落陵委造观世音像

龙华寺遗址出土的隋仁寿元年(601)张见造佛像(图4-4-2),为一佛二菩萨立像,通高约0.21米,宽约0.11米。主尊高0.086米,戴高宝冠,面相方圆,宝缯垂肩。颈饰项圈,着天衣,披长巾。手施无畏与愿印。跣足立于覆莲座上。圆形头光上部有5尊化佛,化佛外侧透雕火焰纹。左右胁侍高0.065米,面方圆,戴宝冠,桃形

背光。着长裙，披长巾。双手合十，跣足立于主尊两侧的仰莲座上。北魏时期，青铜佛像以单尊像、二佛并坐像、三尊像为主，东魏至隋代并坐像减少，单尊像和三尊像较多。

图4-4-2　张见造像

山东地区出土青铜造像的铸造工艺，一般采用通铸式或本尊单独铸造再与基座叠合的方式。先浇铸成形，再经过锉、刻、抛光、鎏金等工序进行加工。有的需要多个模具翻砂铸造，再进行拼装、加工。随着铸造水平的不断提高，制作工艺越来越复杂，造像也越来越精美。北齐时，青铜造像的铸造加工工艺达到了高峰。

青铜造像的出现，不仅为研究佛教造像艺术及佛教发展史提供了重要的实物资料，也为研究我国古代青铜冶炼及铸造技术提供了关键佐证。

第五章　佛教经典的艺术传承
——摩崖刻经

第一节　摩崖刻经与安道一

摩崖石刻是起源于远古时代的一种记事方式,也是一种独特的艺术形式。现在仍有不少书法爱好者喜欢将自己的书法作品凿刻在山崖或巨石上,以期达到长久展示的目的。

广义的摩崖石刻是指人们在天然石壁上摩刻的所有内容,包括各类文字石刻、石刻造像等,岩画作为一种特殊形式的石刻也可归入摩崖石刻范畴。狭义的摩崖石刻则专指文字石刻,即利用天然的石壁刻文记事。摩崖石刻无论从内容还是艺术方面都具有丰富的历史内涵和重要的史料价值。

中国历史上发生的四次大规模灭佛事件,虽然对佛教建筑、佛教造像等佛教活动场所和佛教象征物造成了巨大破坏,但也进一步激发了声势浩大的护法运动,有力地推动了摩崖刻经艺术的发展。大批佛

教人士为弘扬佛法，走出殿堂，将经文雕刻在悬崖峭壁或巨石之上，使其能够长远流传，从而创造出摩崖刻经这种特殊的艺术形式。由于自然石壁坚硬粗糙，雕刻小字比较困难，因此摩崖刻经中大字居多。字体增大也会使经文显得更加醒目和直观，更能起到宣传作用。摩崖刻经是书法艺术与雕刻技法巧妙结合的产物，也是书法艺术与佛法弘扬活动的有机融合，不仅能再现书法的历史风貌，也能够创造性地改变和升华书法艺术，使书法艺术上升到一个更高的思想境界。

摩崖刻经作为佛教文化的重要遗存，盛行于北朝时期(439～581)，隋唐及宋元以后仍有凿刻。不但数量丰富，内容广泛，而且分布范围较广，为佛教义理研究提供了可靠的实物资料，也为佛教发展史及书法艺术和社会形态研究提供了不可多得的珍贵资料。有很多宝贵的佛教研究史料是通过摩崖刻经保存下来的。

山东地区北朝刻经中有十余处文字内容为《文殊般若经》。《文殊般若经》是《文殊师利所说摩诃般若波罗蜜经》的简称，在禅宗中有特别重要的意义，在北朝刻经中占有很高的地位。唐代禅宗北宗大师神秀为应对武则天信奉此经，禅宗四祖道信也信奉此经。《文殊般若经》有7种不同译本，其中罽宾国三藏般若共利言的译本(全本)较精准，玄奘法师的译本(简本)堪称佳作。

北齐高僧、书法家安道一作为当时主要的书经者，在山东摩崖佛教刻石史上占有极其重要的地位。安道一是山东东平人，属禅宗北宗。他经历了北周“二武灭佛”之难，认为“缣竹易销，皮纸易焚；刻在高山，永留不绝”，开始由书经改为把经文刻于悬崖上，进一步弘扬佛法，传播佛经。安道一可以说是一位书艺与佛法兼备的僧人，有人称之为“书法僧”。平阴县一带的5处北朝刻经中，安道一题名的就有3处。北齐刻经规模最大、内容最丰富的是济南市平阴县洪范池镇的二洪顶刻经，其他几处在天池山、云翠山和黑山。济宁邹城市的铁山刻石中有“东岭僧安道一属经”的题记，岗山刻经也有安道一署名。安道一刻经的字体较大，素有“大字鼻祖”“榜书之宗”之称，其书法艺术造诣在国内外有较高地位。

第二节　现存重要摩崖刻经

山东地区目前保存较好的摩崖刻经主要有泰安市泰山经石峪、东平县洪顶山、新泰市徂徕山刻经，济宁邹城市五山（铁山、岗山、峄山、葛山、尖山）刻经等几处，其他刻经零星分布于济宁市汶上县水牛山，泰安市东平县白佛山，潍坊青州市云门山、驼山以及临朐县石门山，烟台莱州市天柱山，济南市历下区千佛山、东西佛峪及长清区灵岩寺，青岛市崂山等地共计30余处。时代多为北朝和隋唐时期，并以北朝刻经为最盛。泰山及周边地区、青州及周边地区、济宁邹城市周边地区分布较为集中，分布情况与山东地区佛教发展三个中心区域的分布基本一致。

泰安市经石峪摩崖刻经（图5-2-1）位于泰山斗母宫东北1公里处的溪床上，刻于北齐（550～577）。石坪南北长40.8米，北部宽60米，南部宽32米，总面积约2064平方米，是我国现存规模最大的佛经摩崖石刻。由东而西雕刻《金刚般若波罗蜜经》的部分经文，共44行，每行字数不等，最多的125字，字径0.5米，以隶书为主。原有2799字，现存1021字。用笔从容，方劲古拙，斜倚相生，宏阔自然，具有极高的书法艺术价值和研究价值。

图 5-2-1　经石峪刻经

泰安市东平县的洪顶山摩崖石刻(图 5-2-2),又名“茅峪刻经”,位于县城西北 30 公里处的东平湖北岸,是一处集经文、佛名、铭赞、题名碑于一体的北齐大型摩崖刻经群。《法洪铭赞》中有“河清三年”(564)纪年,是目前山东境内发现的时代最早的佛教刻经遗存,共有佛经、佛名、题名碑、铭赞、龛像等 22 处,分布在洪顶山茅峪南北两侧的崖壁间。总体保存状况较好,基本保持原有的风貌。洪顶山海拔 276 米,山体为石灰岩质,南北两壁石刻的间距约 160 米。北侧以北齐僧人安道一刻经为主,南侧以印度僧人法洪刻经为主。石刻面积约 1000 平方米,含刻经 6 处,其中《文殊般若经》2 处,《摩诃般若波罗蜜经》《大集经·穿菩提品》《摩诃衍经》《仁王经》各 1 处。雕刻佛名共 9 处,刻有大空王佛、释迦牟尼佛、弥勒佛、阿弥陀佛、观世音佛、具足千万光佛、安乐佛、大山岩佛、安王佛、高山佛等 18 佛。共有大小刻字 1200 个左右,其中较完整的有 785 字。字径大小不一,多在 0.25～0.6 米,最小者仅 0.07 米,最大者 3.6 米。其中,“大空王佛”四字高 9 米多。线刻摩崖经碑高 7.3 米,宽 3.1 米,有 6 行刻字,每行 12 字,共计 72 字。《文殊般若经》与敦煌刻经相比一字不差,而且有相同的自然分段。

图5-2-2 洪顶山刻经

洪顶山北朝摩崖石刻的发现，对研究北齐著名书法僧安道一的刻经活动及摩崖刻经的表现形式具有一定的参考价值，使北朝摩崖刻经研究工作的视野更加开阔，引起国内外学者的高度重视。

徂徕山摩崖石刻位于泰安市与新泰市之间的徂徕山东侧，是一处集经文、佛名、题记于一体的北齐摩崖石刻，分布于映佛山顶和光化寺林场内，共21处。北齐摩崖刻经经主为梁父县（今新泰市）令王子椿。他嗜好佛学，于北齐武平元年（570）在徂徕山麓摹刻佛经两处：一处在映佛岩，刻《般若波罗蜜经》；一处在光化寺北“将军石”，刻《大般若经》及四佛名（今残）。宋代赵明诚《金石录》，清代冯云鹏、冯云鹓《金石索》等金石名著均载有其文。

映佛山刻经（图5-2-3）刻于北齐武平元年（570），位于泰安市徂徕山南麓高8米、宽5米的巨石上，分上、中、下三段题刻，字体为隶书。上段竖刻“般若波罗蜜经主”，旁刻“冠军将军梁父县令王子椿”，两行共18字，其中“子椿”两字并列。字径大小不等，小字字径仅0.1米，大字字径约0.45米。中段竖刻“普达”“武平元年”“僧齐大众造”“维那慧游”4行年号及题记，保存状况较好，共15字，字径0.06～0.12米。

下段石面较大，高1.4米，宽3.4米，未经加工打磨，竖刻《般若波罗蜜经》经文，刻14行，每行7字，共98字，字径0.12～0.24米。其中，保存较完好的有61字，风化严重尚能判读的有23字，辨别不清的有14字。从书法的艺术风格看，应为僧人安道一所书。

图5-2-3　映佛山刻经

光化寺林场俗称“将军石”的自然石，高1.85米，宽2.39米，厚1.2米。面朝西，石面略平，竖刻《大般若经》，字体为隶书(图5-2-4)。刻字13行，每行4～7字，共计89字，字径0.12～0.16米，镌刻面积约3平方米。第9行起刻有“冠军将军梁父县令王子椿造椿息道升道昂道昱道柯僧真共造”。第6行下又刻“王世贵”3字。东面刻有佛名和题记，已模糊不清，但“中正胡宾”和“武平元年”几个字较清晰。

徂徕山摩崖刻经以隶书为主，兼以草情篆韵，字体雄沉朴茂，遒劲有力，与泰山经石峪刻经、邹县铁山刻石齐名，是书法艺术研究的宝贵资料，为佛教义理研究提供了可靠的实物资料。清代著名学者魏源把徂徕山刻经与泰山经石峪刻经相提并论，给予了很高的评价。

济宁邹城市有著名的“五山摩崖”，即铁山、岗山、峄山、葛山、尖山摩崖石刻。

图5-2-4　将军石刻经

铁山、岗山摩崖石刻位于邹城市西北1公里处，为北朝摩崖刻经。铁山在南，岗山在北，相距0.5公里。自清乾隆末年被金石家黄易发现后，屡见著录。铁山、岗山摩崖石刻与云峰山石刻、龙门造像题记都是北朝书法艺术的杰出代表，为历代书法家所喜爱，尤其是铁山摩崖，气势磅礴。传说道教在岗山早有兴盛，山上的玉皇庙始建于唐代。1935年前后仍有道士40多人及门外道二三百人。岗山上曾建有灵官庙、岳王庙、王母祠、日落晚照寺等多处建筑。

铁山摩崖石刻(图5-2-5)位于铁山之阳的一块巨大的花岗岩石坪上，倾斜约45度，长61米，宽17米，总面积1037平方米。阳面刻有《大集经·穿菩提品》和《石颂》。根据字体大小、内容和位置，可分为大集经文、刻经颂及题名三部分。据刻经颂文记载，刻于北周大象元年(579)。主持刻经者为匡喆，书丹者为北齐僧人安道一。大集经文在刻面右部，共17行，每行50～60字，因风化剥蚀，现存922字，字径0.4～0.5米。字体以隶书为主，间用篆势，杂以行草。用笔方圆兼施，以圆为主。刻经颂在刻面左部，上刻篆书“石颂”两个大字，字径0.7～

0.95米，下刻颂文12行，每行52～55字，计600余字，字径0.2～0.25米。颂文记载了刻经的时间、经过和参与者。石刻题名在刻面下部，原有3处，现仅存1处，共6行，每行3～5字，字体较小。

图5-2-5　铁山石刻

岗山摩崖石刻（图5-2-6）位于铁山之北约1公里的山谷内，以“鸡嘴石”为中心，东西向分列在长约300米的山谷两侧。现存刻石26块，刻字32处，每处多则百余字，少则一二字，总计400余字。字径最大者0.45米，最小者0.1米。“鸡嘴石”三面刻字，为岗山摩崖刻字最集中的一处。其北面浮雕造像1尊，并刻有比丘惠晖题名，有8行，共49字，字径在0.1～0.19米。《佛说观无量寿经》刻于鸡嘴石东、南两侧，共177字，字体较小。《入楞伽经》分散刻于从山下到山上的20余块花岗岩石块或崖壁上，共185字，字体或大或小，少量残缺。还有零星的佛家梵语偈言，或一字，或数字，刻于各处卧石上下左右。岗山刻石书体奇谲变化，与铁山摩崖迥异。大字多以方笔结体，以楷为主，间有隶意，行笔多露锋，小字则圆润端秀。岗山刻石中除《佛说观无量寿经》疑为安道一所书外，其他刻字可能是当地书僧与佛门信士的作品。

图 5-2-6　岗山石刻

图 5-2-7　峄山摩崖刻经

峄山摩崖石刻(图 5-2-7)位于邹城市东南10公里处的峄山上。两处摩崖石刻分布于五华峰和妖精洞,内容均为《文殊般若经》。五华峰刻经刻于“光风霁月”石上,高 2.13 米,宽 3.65 米,现存 79 字,雕刻时间为北齐年间(550～577)。妖精洞石刻位于山阳妖精洞西侧的乌龙石上,高 4 米,宽 2.65 米,面积约 106 平方米。刻有经文 7 行,每行 14 字,字径 0.2～0.3 米。

葛山摩崖刻经位于邹城市以东葛炉山西侧一处坡度为 25～35 度的花岗岩石坪上。传说东晋道教学者葛洪(284～364)曾在葛山炼丹,故葛山又称“葛炉山”,《葛山县志》中称其为“葛娄山”。刻经东西长 26.6 米,南北宽 8.4 米,共 223 平方米。经文内容为《维摩诘所说经·阿閦佛品》,刻经 10 行,每行 42 字,共 420 字,现在可以辨认的有 292 字。字径 0.5～0.6 米,有阴刻界格。第 3 行有双勾刻字 10 个。经文排列整齐匀称,第 5 行与第 6 行之间行距稍大。经文刻于北周大象二年

(580),比铁山刻经晚刻一年,与岗山刻石时间相同,是邹城市北朝刻经中最晚的一处。刻经字体以隶书为主,书风洒脱,形体肥腴浑厚。经考证,葛山刻经与铁山刻经同出安道一之手。

尖山摩崖石刻位于邹城市以东约7公里处的尖山。尖山又称"朱山",因山上刻有"大空王佛"四字,俗称"大佛岭"。刻经已被毁坏。从拓片资料可知,有题名两处,题记两处,经主题名多处。刻字有12处,共504字。皆为隶楷书,字径0.25～1.75米。从书法风格看,应为安道一所书。

邹城市摩崖刻经是南北朝时期僧侣书法家刊刻在花岗岩石壁上的佛经和题跋文字,是典型的魏碑。其书法艺术隶楷相间,方圆兼备,古朴雄浑,对探讨我国北朝时期汉字隶楷演变及书法艺术具有重要的参考价值,同时也为研究中国佛教文化提供了不可或缺的实物资料。

在济宁市汶上县县城东北的水牛山南麓,有一处近乎垂直的石坪,上面刻有北齐年间的《摩诃般若经》,高2.3米,宽1.8米,字径0.25米,共52字。字体以隶书为主,间有楷、篆、行书,书法俊逸,雄健浑厚,古朴拙厚,具有十分重要的史料和书法研究价值。

泰安市东平县棘梁山东面也有一处刻经,南北长12米,高2米,内容为《佛说大般涅槃经》,字径为0.16米。东平县白佛山刻经亦为隶楷书,共79字,为隋代开皇十年(590)所刻。

第六章　其他佛教遗存

第一节　经　幢

幢是一种具有宣传性及纪念性的小型建筑，梵语叫“驮缚若”。印度幢的形式是在纪念佛的玉垣上刻各种浮雕，也有的在塔前方左右各竖一长方形石条。我国古代的幢则指仪仗中的旌幡，又称“幢幡”，是在长竿上加丝织物做成，一般为圆筒状，周边绣以精美图案。随着佛教的传入特别是唐代密宗的兴起，佛教信徒开始将佛经或佛像书写或绘制在丝织的幢幡上，悬挂于佛像或菩萨两侧，起到弘扬佛法、庄严佛像的作用。因丝织品容易损坏，而且不利于长久保存，后来改将佛经刻于石柱上，称为“经幢”。因其竖立的形状也称为“竖法幢”，有弘扬佛法、消弭灾祸之意。

唐初译经家佛陀波利所译《佛顶尊胜陀罗尼经》有云：

佛告天帝：若人能书写此陀罗尼，安高幢上，或安高山或安楼上，乃至安置窣堵波中。天帝，若有苾刍、苾刍尼、优婆塞、优婆夷、族姓男、族姓女，于幢等上或见或与相近，其影映身；或风吹陀罗尼上幢等上尘落在身上，天帝，彼诸众生所有罪业，应堕恶道、地狱、畜生、阎罗王界、饿鬼界、阿修罗身恶道之苦，皆悉不受，亦不为罪垢染污。天帝，此等众生，为一切诸佛之所授记，皆得不退转，于阿耨多罗三藐三菩提。

这是经幢得以兴起和发展的法理依据，也是多数佛教经幢雕刻《佛顶尊胜陀罗尼经》的主要原因。

有学者认为，经幢是一种刻经，也有人认为经幢是从刻经和塔衍生出来的一种特殊形式的塔。这两种观点都不很确切。经幢作为一种独立的建筑形式，有其特有的功用和建筑特色，同时也融合了部分刻经及塔的元素。作为汉化佛教的一种重要刻石，经幢是集雕刻艺术、建筑艺术和佛教内容于一身的完美石雕建筑。其形状与塔相似，但有明显的区别：塔一般中空而幢不空，塔身有较匀称的层次（一般为奇数）而幢身有层次但不匀称，幢身是主体，占较大比例，表面刻有经文等内容；塔的建筑艺术主要在塔身，而经幢的基座和宝盖则是集中展示其艺术性的部分，一般雕饰花卉、云纹以及佛像、菩萨像等；塔的体量较大，而经幢的体量一般较小。

我国的石柱刻经始于六朝，而在石柱上雕刻《陀罗尼经》则始于唐初。唐永淳二年(683)，佛陀波利由印度取经返回京都长安。唐高宗李治诏令日照三藏法师及敕司宾寺典客令杜行顗等共译《佛顶尊胜陀罗尼经》。当时佛教密宗开始盛行，众信徒认为咒语——陀罗尼，包含深奥的经义，倘若有人书写或反复诵念即会解除他的罪孽，继而得到极乐。为使陀罗尼经永存，善男信女们将其刻于上有顶下有座的八棱形石柱上，这就是最初的经幢。

经幢一般安置在通衢大道、寺院等地，也有安放在墓道、墓中、墓旁的。寺院中设立经幢的现象非常普遍，多立于山门之前或殿堂前的庭院之中，也有的立于塔前。一是为了宣扬佛法，二是为了庄严寺院。在通衢大道上竖立经幢，是造幢者希望其能惠及众多的过往行人。

经幢绝大多数为石质，由宝盖、幢身和基座三部分组成。各节之间一般由卯榫结构连接，有的直接用平滑石块叠加垒砌而成。幢身是主体，主要用于雕刻经文、经序或幢铭，有的幢身上部凿有小龛，内刻佛像。幢身造型八棱柱形居多，大同小异。多数幢身由一块石头雕造而成，个别体量较大者由多块石头分节雕造。经幢的雕刻艺术及建造工艺主要集中体现于幢座和宝盖部分。

幢身镌刻的文字主要是佛经，内容以《佛顶尊胜陀罗尼经》最多。《佛顶尊胜陀罗尼经》翻译版本较多，有唐代波利的《佛顶尊胜陀罗尼经》、杜行顗的《佛顶尊胜陀罗尼经》、地婆诃罗的《最胜佛顶陀罗尼净除业障经》、义净的《佛顶尊胜陀罗尼经》，还有后周智称的《尊胜陀罗尼并念诵功能法》(已失)，宋代施护的《尊胜大明王经》、法天的《最胜佛顶陀罗尼经》等。其中佛陀波利所译版本最为流行，这也是石幢上镌刻最多的一种经文，其次为《白伞盖陀罗尼》《大悲心陀罗尼》《大随求即得大自在陀罗尼》《大吉祥大兴一切顺陀罗尼》《金刚经》《般若心经》《弥勒上生经》《父母恩重经》等。有的幢身还刻有经序、造幢记、造幢者的题名等。造幢记一般包括序、铭和赞，有的仅简短记载造幢者及造幢年月，有的则较详细，除赞扬《佛顶尊胜陀罗尼经》的神妙威力，还详述造幢缘起。这类经幢通常有撰文者、书写者、镌刻者的署名。宋代经幢上开始出现“陀罗尼启请”。“启请”是密宗在经典或陀罗尼读诵之前奉请的启白。

从经幢的题记和实物可以看出，有些石经幢本来施有彩绘，并有

部分贴金。贴金不但能够庄严经幢，而且更能表达佛教信众对佛、菩萨、佛经及咒文的敬重。但经幢贴金仅限于佛像、经咒以及佛、菩萨名号等。

尊胜经幢流行后，道教徒也仿照佛教石经幢，在幢身镌刻道教经典，即所谓“道教经幢”。道教经幢的形制和佛教经幢相同，多为八棱石柱，也分为幢座、幢身和宝盖三部分。

尽管绝大多数经幢为石质结构，但由于体量较小，又多节建造，很容易遭到自然或人为破坏。从散落各地的石幢构件可以看出，山东地区原有数量丰富的经幢，但完整保存下来的并不多。据初步统计，现存较完整的经幢有济南市长清区灵岩寺的5座，泰安市岱庙的7座，还有莱芜口镇、临朐大佛寺、德州禹城、平阴福胜寺、长清四禅寺等地经幢共20余座。其中，唐代的6座，五代的6座，宋代的6座，清代的1座(墓幢)。岱庙还有一座尚不能确定年代的经幢。

唐代中期以前的经幢，结构较简单，幢身较粗大。济南市莱城区口镇经幢，通高3.62米，幢身周长2.24米。平阴县福胜寺经幢高3米，幢身周长2.52米。雕造于唐开元十八年(731)的潍坊市临朐县大佛寺经幢，残高1.75米，周长为2.72米。淄博市临淄区齐文化博物院收藏的唐经幢幢身周长为4.96米。随着时代的发展和雕刻技术的提高，经幢的建造结构由简单渐趋复杂。唐代中期以后，经幢逐渐采取多层结构，装饰也日趋复杂、华丽，高度达4～5米。

济南市莱城区口镇蔡家镇经幢(图6-1-1)建于唐景龙三年(709)四月，由时任莱芜县令贾璞以其父亲(前宋州宁陵县令贾思玄)的名义建造。经幢通高3.62米，由宝盖、幢身和基座三部分构成，石灰石材质。基座为方形覆莲座，高0.4米，边长1.3米。幢身呈八棱柱形，周长2.24米，阴刻《佛顶尊胜陀罗尼经》经文及经序。西南面雕刻的是经序，自第二面第六行起刻经文，至第七面第二行止。第七、第八两面刻幢铭，记述建幢经过。幢身共刻64行文字，每行约70字，字径0.02米左右。字体为阴刻楷体，字迹工整。宝盖分上下两层，下层为八角挑檐亭状，上层八棱柱形，有四面高浮雕四尊佛像。

图6-1-1　蔡家镇经幢

图6-1-2　临朐大佛寺经幢

潍坊市临朐县大佛寺经幢（图6-1-2）建于唐开元十八年（731），石灰石材质，幢冠损毁，仅剩基座及大部分幢身，残高1.75米。基座分两层，下层为圆形覆莲座，上层鼓形束腰周围刻有八面铺首，面部圆满，面相狰狞，形态各异。幢身呈八棱柱形，周长2.72米。每面宽约0.34米，刻经文500字左右。八面共刻3700余字，内容为《佛顶尊胜陀罗尼经》。字体为正楷，书写端正，镌刻工整，有较高的书法艺术价值。除个别地方模糊不清外，大部分字迹清晰可辨。末端刻有“大唐开元十八年”字样。在其中一面下端刻有“大金国益都府临朐县郭下玉顺合家等添经幢顶座共四事于贞元三年十二月初二日重立石。石匠曹忠刻立”。清光绪《临朐县志》载：“大佛寺经幢三通，一大朝经幢，一尊胜经幢，一至顺经幢。”此幢应为尊胜经幢，具有很高的艺术价值和研究价值。

淄博市临淄区齐文化博物院收藏的一节经幢幢身构件(图6-1-3)，整体呈八棱柱形，直径1.57米，高0.58米，每面宽0.62米。从体量来看，符合唐代中期经幢的特点。幢身构件8面刻字，阴刻汉隶，每面竖刻文字10行，每行大部分刻10字(图6-1-4)。由间隔两行之间所缺40余字可以看出，其间缺失4行文字，由此推断幢身至少应为5节，这是其中一节。由文字拓片可以看出，幢身8面中有7面全部雕刻了文字，有一面只雕刻了4行文字。按每面100字计算，7面约700字，加上字少的一面40字，每节刻文字约740字，去除其中的空格，所刻文字应在3500～3700字。《佛顶尊胜陀罗尼经》共有近4000字(义净译经约为3800字，波利译经约为3500字)，这样也可初步断定幢身为5节。佛教奉单数为吉利数字，幢身分5节雕造也符合佛教义理。

图6-1-3　临淄经幢

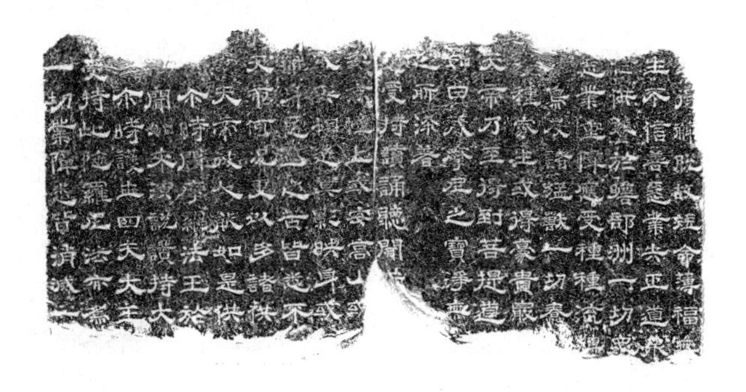

图6-1-4　临淄经幢拓片

按照经幢的建造规律，如果幢身分节雕造，一般是大小比例一致的。临淄唐代经幢幢身构件高0.58米，按5节计算，单纯幢身高度应为2.9米。如此巨大的幢身，再叠加上基座和宝盖，经幢的整体高度应该在5米以上。

由雕刻的文字内容可以看出，经幢的文字应为《佛顶尊胜陀罗尼经》的经文。将经幢拓片文字与多个翻译版本的《佛顶尊胜陀罗尼经》内容进行对照可以看出，临淄唐代经幢所刻文字与波利翻译的《佛顶尊胜陀罗尼经》经文完全相符。

济南市长清区灵岩寺般舟殿遗址前的唐天宝十二载(753)经幢(图6-1-5)，分幢座、幢身、宝盖三部分，共8节。基座为4节，最下层基石呈方形，出二层台。基座上方的方形石块每面雕刻一巨型铺首，凝眉瞪目，龇牙咧嘴，胡须似动，颇有神气。其上为覆莲、仰莲须弥座。中间圆形束腰刻有八面佛像，面部圆满，细目长眉，鼻翼丰肥，嘴角微翘，双目低垂，面容略带微笑(图6-1-6)。幢身呈八棱柱形。宝盖共3节，下面一节呈八棱柱形，雕刻繁复精美，八角分刻8只瑞兽紧抓花蔓。中间一节八棱柱的8个小龛内分别雕刻8尊佛像。最上一节为八角挑檐伞盖。

图6-1-5 唐天宝经幢

图6-1-6 唐天宝经幢基座

般舟殿前的唐大中十四年(860)经幢(图6-1-7)，残高约4米，由基座、幢身、宝盖三部分组成，上下共9节。基座

雕刻繁复,共6层。最下方为方形基石,其上为双层须弥座,下层须弥座下方的方形石块上雕刻覆莲,四角雕刻小兽,与大雄宝殿前的宋皇祐三年(1051)经幢相似。中间为八棱形,每面高浮雕雕刻一力士,形态各异,惟妙惟肖(图6-1-8)。上层须弥座上下分别为仰莲、覆莲,中间为鼓形,五个壶门内分别雕刻双迦陵频伽、双龙和一乐伎。乐伎(图6-1-9)舒臂抬腿,翩翩起舞。东西两侧迦陵频伽双翼展开,一持排箫,一持檀板。雄雌二龙,雄龙体形硕壮,身体自然蟠绞,头大独角,双目圆睁;雌龙头小腰细,形象柔和,两条龙刚柔相济,美妙绝伦。宝盖分两层,下层为八棱形伞盖,每棱上端雕刻一龙头,口衔花蔓,依次相连。上层为八棱柱形,每面刻一坐佛,坐于仰莲座上。

图6-1-7 唐大中经幢

图6-1-8 基座托举力士

图6-1-9 基座乐伎

泰安市岱庙唐广明二年(881)经幢(图6-1-10),原立于肥城市幽栖寺,1977年收存于岱庙碑廊。经幢通高2.59米,分幢座、幢身、宝盖三部分,现存6节。下为须弥座,上下雕刻仰莲、覆莲,中间为鼓形。幢身为八棱柱形,宝盖分伞盖和幢刹两层。经幢风蚀严重,幢身刻文依稀可见,约62行,每行93字,共约5000字。刻文内容为赞语、尊胜陀罗尼经序和咒语等,主要记载范蠡古迹和幽栖寺的历史,佛教在内地的流传经过,施主贾眷、樊亮等出资兴修殿堂和经幢的功德等内容,其中有"古寺由来久矣""此寺名传万古""诸王太后、宝位常在,辅相近臣,长资宠赐"和描写黄巢起义军"人马往来约百千万"等文字,由沙门无垢撰文,紫盖虔禅正书。

图6-1-10　岱庙唐经幢

济南市平阴县福胜寺唐代经幢(图6-1-11)坐落于平阴县城西北的玫城公园内。经幢高约3米,分两部分,幢顶已失。幢座分上下两节,下为八角形石雕覆莲,上为巨型仰莲承托幢身。幢身为八棱柱形,每面宽0.3米。八面用隶书尖地阴刻《佛顶尊胜陀罗尼经》,每面刻9行文字,满行55字,共约3600字。字径0.01米左右,呈扁方形。上部8个壶门内分别雕刻一佛或一佛二弟子像共22尊。福胜寺经幢造型比较复杂,雕刻技艺精美,隶书书体洒脱、俊逸、工整,是研究唐代雕刻艺术、书法艺术不可多得的珍贵实物。

五代时期的经幢体量较唐代经幢明显减小,雕造工艺也较简单。山东博物馆收藏的滨州市惠民县开元寺五代显德五年(958)经幢(图6-1-12),分幢座、幢身、宝盖三部分,共3节,均为八棱柱形。基座素面,高0.3米,每面宽0.22米,周长1.76米。幢身高1.30米,每面宽

0.16米,周长1.28米。幢身雕刻《佛顶尊胜陀罗尼经》经文及幢铭。正面上部壶门内雕刻坐佛一尊,结跏趺坐于须弥座上,有圆形头光,施禅定印。幢顶高0.25米,为八棱挑檐式,八立面雕刻功德主姓名。

图6-1-11　平阴福胜寺经幢

聊城市博物馆收藏的后周经幢,是2004年在聊城市东昌府区李太屯的道路改建工程中发现的。经幢通高2.4米,幢身为八棱柱形,每面宽0.105米,高1.03米。正方形基座上雕刻覆莲,承托幢身。宝盖高0.2米,侧面雕刻缠枝花卉。蘑菇状幢顶上有火焰宝珠,已残。用楷书竖刻《佛顶尊胜陀罗尼经》经文,共23列,计642字,字径0.015米。经文末端刻有"大周显德二年岁次乙卯二月庚子朔九巳酉记"字样,是"登仕郎前守深州武强县主簿李光赞"及弟弟"将仕郎试秘书省校书郎光斐"为母所建,希望母亲亡后能往生净土,见佛闻法。

图6-1-12　开元寺五代经幢

北宋时期，经幢发展达到前所未有的高峰。不但数量多，而且形制更繁杂，造型更华丽，逐渐发展演变成集建筑雕刻艺术、佛教内容、书法艺术于一体的完美石雕建筑。

德州市禹城县张庄镇黎吉寨村经幢（图 6-1-13），建于宋太平兴国元年（976），石灰石材质，高约 6 米。宝盖为近代补修。幢基正方形，由两块厚 0.2 米的长板石拼对而成。上为须弥座，覆莲座承托的鼓形部分雕有八大力士，形象怪异，环眼暴突，蹲式卡腰，肩扛幢身。方形覆莲座四角雕刻有小兽。幢座上部的仰莲座叠涩出檐三层，由下而上逐层内收，上托幢身。幢身为八棱柱形，上刻《佛顶尊胜陀罗尼经》。幢顶较复杂，共分 9 层。伞盖为八棱形，每棱上部刻有龙头，口衔璎珞，首尾相连。上一层鼓形石柱刻有飞天浮雕，再上为仰莲座，承托八棱石柱。石柱每面刻上下两层佛像，下为立佛，上侧壶门内刻坐佛。再上两层伞盖均为八角挑檐式，中间两层下为八棱石柱雕刻飞龙；上为扁鼓形，最上为莲花蕊幢刹。经幢雕刻工艺繁复、细致，造型逼真。

图 6-1-13　德州禹城经幢

灵岩寺大雄宝殿前的北宋皇祐三年（1051）经幢（图 6-1-14），分幢座、幢体、宝盖三部分，共 9 节。幢座 3 节，最下方为方形基座，上雕刻覆莲，四角各雕刻一小型石狮，面朝四个方向，中间鼓形座的四面雕刻四铺首，最上一节为仰莲，承托幢身。幢身八棱柱形，刻《如来庄严智慧光明入一切佛境界经》。宝盖共分 5 节，自下而上，第一节为八棱形，每棱刻一龙首，各棱用龙身相连，缠以花蔓。第二节为方形，四面开龛，龛内刻佛像，有立佛和坐佛。第三节为八角挑檐伞盖，其上为仰

莲座及宝葫芦幢刹。

济南市长清区四禅寺经幢（图6-1-15）位于张夏街道办事处土屋村，建于宋熙宁己酉（1069），分基座、幢身、宝盖三部分，共6节。基座四层，由下到上逐层递减。第一层方形，第二层八棱柱形，第三层是覆莲，第四层为八棱形，每一棱面雕有花木。幢身长度占整座经幢的三分之二，刻有经文和题记。宝盖共4层，最下层直径与基座仰莲相当，八棱形，高浮雕，每一棱角上雕有一龙头，龙口衔环，环中吊垂珠。第三层长度较短，八棱柱形，四面雕刻立式如来佛像，形态各异。

图6-1-14　灵岩寺北宋皇祐三年经幢

图6-1-15　长清四禅寺经幢

济宁市嘉祥县马村乡山营村出土一座北宋绍圣四年(1097)石经幢。由基座、幢身、宝盖三部分组成。通高0.87米。基座方形，边长0.52米，厚0.13米。四角各高浮雕一卧狮，狮首外向，座中部微鼓，周围雕刻莲瓣。基座上方为仰莲座，呈半球形，直径0.39米，厚0.12米，通体浮雕莲花瓣，形似一朵盛开的莲花。幢身为八棱柱形，置于仰莲座上，高0.41米，直径0.2米，刻有《般若波罗蜜多心经》。正面高浮雕一坐佛，头顶高肉髻，两耳垂肩(头部残半)，两臂曲于胸前，结跏趺坐于线雕莲花座上。佛首后雕圆形头光，身后雕舟形背光。

元代以后，经幢建造的数量逐渐减少，而墓幢的建造比例逐渐升高。建幢者为追荐亡者，解救亡者的地狱之苦，将尊胜幢竖立在坟墓之侧，有“尊胜陀罗尼功德幢”之称。墓幢的体量一般不大，多数高2米左右。

淄博市淄川区太河乡黑山村墓幢(图6-1-16)，建于清顺治年间(1638~1661)。墓幢坐北朝南，石质结构，通高3.2米，由宝盖、幢身和基座三部分组成，基座为六角型。幢体分五层，中间有两层仰莲束腰，三层石柱由下往上逐层内收，上刻“皇清羽化恩师张公之塔”字样。幢顶有覆莲帽，上为葫芦形幢刹。据碑文记载，普陀寺始建于清顺治年间，主要庙宇有关帝殿、石大夫庙等建筑。清咸丰、光绪年间以及民国年间曾多次重修。该经幢为清顺治年间道人张鹤轩的墓幢。

图6-1-16　黑山村墓幢

济南市历城区神通寺遗址墓塔林中有两座建造形式与经幢完全一样的墓幢，一座是“大神通寺祖师兴公菩萨定慧之塔”，另一座是元皇庆二年(1313)“大师讲经主晖公寿塔”。两者均为多层石结构。幢身为八棱柱形，宝盖和幢座雕刻精美。前者正面雕刻墓主人身份及姓名，侧面刻有“佛顶尊胜陀罗尼神经”“罽宾国三藏沙门佛陀波利奉诏

译”等字样。该幢与《佛顶尊胜陀罗尼经》有非常密切的关系，是典型的墓幢。后者正面雕刻墓主人身份、名号、纪年及造幢门人姓名，其他各面没有发现文字，其建造形式也应是典型的墓幢。

山东地区现有经幢的数量难以全面反映各个时代经幢的特征，但每座经幢都有其明显的时代特色和地域特征，都是不可多得的艺术珍品，极具研究价值和历史价值。随着佛教考古工作的深入开展，将会有更多的经幢面世，将为经幢研究的全面展开提供更加翔实的实物资料。

第二节　舍　利

舍利是梵语śarīra的音译，也译作“设利罗”“宝利罗”等，原义是尸体或身骨，是佛教徒对死后身体的总称，汉文译为“碎骨”。舍利在佛教中是至高无上的神圣之物。佛教认为，舍利是高僧大德心与佛相合的表相，是物质元素，并无灵异成分。佛教徒尊奉佛或佛弟子的舍利，并争相供奉，主要是由于其生前的功德、慈悲和智慧，同时表达对佛的虔诚之意。

佛陀时代的古印度，在人去世后主要有四种葬法：火葬(荼毗)、水葬、土葬、林葬(弃之森林)。佛教把火葬列为诸种葬法之首，并一直延续至今。高僧去世后，一般用香木火化，遗留下的骨渣即真身舍利，产生的结晶颗粒则称为“舍利子”或“坚固子”。随着佛教的发展，佛教徒觉得比较贵重的佛教用品或高僧遗物，如佛经、头发、牙齿等，也可作为舍利供奉。随同舍利瘗葬的供养品主要为“七宝”，即金、银、琉璃、水晶、玛瑙、珍珠、琥珀。

佛教供养舍利的方式是瘗埋，即将其安置于塔内、塔刹下的天宫或塔基下的地宫中。其中,绝大多数舍利埋藏于佛塔下的地宫中,只有少数存放于塔内或塔刹下面的天宫中。

1987年5月,陕西省扶风县法门寺地宫出土4枚佛指舍利。1972年,对济南市历城区神通寺四门塔进行维修时,在塔内发现一个铜舍利函,函内储有隋代五铢钱。济南市历下区县西巷北宋开元寺地宫中出土的《开元寺修杂宝经藏地宫记》碑文记载,《大藏经》应该是作为舍利被埋藏的。聊城铁塔出土的舍利是玛瑙、石英和石灰石球等。

聊城市莘县雁塔内发现的《妙法莲华经》,从雕版艺术看,佛像构图各异,线条细而圆融,法相庄严圣穆,字体方正遒丽,刀法娴熟,富于变化,为宋代书法的上品。在砖塔第七层夹层内发现一座银塔。塔体由银片制成,通高约0.7米,底座宽约0.15米。塔座为六边形,边长0.066~0.074米。每边有花形镂孔,每角有龙头衔风铎。塔座之上为方形塔身,共12层,自下而上逐层内收。第一层较高,四周有护栏,前后有门,内置释迦、普贤与文殊像。门上方有飞天一对,其上为一周力士斗拱,托单层檐。四角及四檐皆挂风铎。释迦、普贤、文殊、飞天等都为银鎏金。第二层以上,前后有门,左右为窗,四周有护栏,单层檐,四角挂风铎。第二层和第三层内置释迦佛像,第四层内放舍利函,内有舍利。顶部塔刹较高,玲珑剔透,工艺精湛,令人叹为观止。砖塔地宫出土一具石函,函内安置银棺,棺内藏有舍利。

埋藏舍利的葬具一般为多层,外层为函或棺。函和棺的形状区别很明显,函一般为方形或长方形,盝顶,也有人称之为匣。而棺为一头高一头矮的棺材形状,只是比普通棺材的体量要小得多。函和棺的材质多数为石质,少数为铁质、木质或金银质地。石函或石棺内部一般放置金棺、银棺或鎏金银棺等,金棺、银棺内一般存有金瓶、琉璃瓶等容器,瓶内放舍利或舍利子。

舍利作为佛教的传法信物与崇拜主体,具有不可低估的作用。两

汉之际，天竺僧人频繁来华传教，佛舍利大量流入中国。隋唐时期，建造地宫收藏舍利最为兴盛。高僧道世编纂的《法苑珠林·舍利篇》记载，隋文帝于仁寿元年(601)要求在三十州奉安舍利塔：“取金瓶、琉璃瓶各三十，以琉璃瓶盛金瓶，置舍利于其内，熏陆香为泥，涂其盖而印之，三十州同刻十月十五日正午入于铜函、石函，一时起塔。”

近年来，随着文物保护工作的不断加强及文物考古工作的积极推进，山东地区先后在济宁市汶上县宝相寺太子灵踪塔、济宁市兖州区兴隆塔、济宁市金乡县光善寺塔、济南市平阴县真相院舍利塔、聊城市东昌府区聊城铁塔等地宫中发现了舍利以及盛放舍利的容器。

1982年，在济南市平阴县洪范池镇一处隋唐时期寺院遗址中发现一具石函(图6-2-1)。石函为石灰石材质，分内外两重。内函通高0.97米，平面呈正方形，边长0.83米。函身用整块石头雕成，棱角整齐，通体磨光，素面无饰。函口略大于底，口平面呈边长0.37米的正方形，底为边长0.29米的正方形，深0.3米，函壁磨光。函盖为盝顶，内侧分两行镌刻“大隋皇帝舍利宝塔”8个字。外函通高1.35米，由6块石板组成，与内函有0.03～0.04米间隙，四边板高约1.04米，榫卯结合。边板内壁磨光，围成边长为1.17米的正方形。外函板是由3块石板拼合成的正方形，边长1.34米，厚约0.13米。底板上凿有安置外匣边板和内匣的浅槽。盝顶厚0.2米，未凿函腔。外函下垫4块厚0.11米的石板，外沿露出0.06米。在外函底板、内函与外函边板之间，发现了360余枚隋代五铢钱。石函总重为5200千克，内函重1600千克。

图6-2-1　平阴隋代舍利函

济宁市汶上县宝相寺太子灵踪塔地宫的佛龛上摆放着石函。石函内有放置在银制棺架上的金棺(图6-2-2)。金棺有金质封箍，将棺

图 6-2-2　太子灵踪塔金棺

盖、棺体固定在一起。晶莹剔透的水晶念珠搭在金棺之上。这种天然的水晶珠被称为“摩尼串珠”。珠体直径约0.008米，椭圆形，中有穿绳，共108粒。应为当时高僧的随身法器，也是修炼者所持串珠的上品，从侧面反映出北宋时期水晶加工制作的高超水平。棺内有檀香木盒，盒内有佛牙1枚、舍利子936颗。佛牙颜色白而微黄，形状微曲。牙根参差不齐，神经纹络依稀可见，牙体有不规则细小裂纹。牙长约0.055米，牙上有明显的毛笔墨迹，虽不十分清晰，但可以隐约看出“东府”二字。

金棺前有银制水月观音菩萨（图6-2-3）一尊，高0.15米，造型精美绝伦，体态轻盈，袖垂飘带，银丝披风。跣足立于三层莲瓣围裹的仰莲台上。头背部有光环，称“请真身引路菩萨”。金棺一侧放置一个天然水晶雕刻净瓶。瓶高0.09米，最大腰处直径0.048米。葫芦宝刹造型，通体透明，华贵典雅。瓶壁厚重，分瓶盖、瓶体两部分。

图 6-2-3　太子灵踪塔地宫引路菩萨

金棺正中放置一长方形银椁。银椁有前后两室，一颗牙齿静放在银椁的前室。银椁后室内有个黄色锦绸包裹，锦绸已经腐

烂，但包裹状完整。包裹内有300多颗舍利子，颜色为红、白、黑三色的半透明结晶体，胶质状，圆润光洁。

地宫出土石匣铭文记载，北宋中都县赵世昌求得佛牙舍利后“以金为棺，以银为椁，以石为匣，非不勤意也”。金棺、银椁应为皇家制作，而非民间财力、工艺所能达到。

太子灵踪塔地宫出土的这批宋代佛教遗物，不但为断定佛塔的建造年代提供了充足的实物证据，也为研究山东地区的佛教发展提供了宝贵资料。尤其是出土的牙齿舍利，虽已引起国内外的广泛关注，但是不是释迦牟尼的遗骨，还有待于佛教考古工作者的进一步研究考证。

兖州区兴隆塔地宫出土的宋代石函（图6-2-4），由基座、函体和盝顶盖组成。基座为长方形须弥座，函体由整块长方形青石雕造。函体表面及盝顶部分线刻各种人物、动物和花草图案，线条精细，自然流畅，图案精美。函内有鎏金银棺（图6-2-5），银棺整体呈梯形，前高后低。棺头上部镂空雕刻三尊像，下部錾刻迦陵频伽鸟、飞龙、菩萨像。棺体左右档錾刻释迦牟尼涅槃场景，前档錾刻双扇假门，后档为坐姿菩萨像、天王像、供养人像等。棺底部垫木板。银棺錾刻技法娴熟，工艺精湛，形象生动，惟妙惟肖。出土的金瓶（图6-2-6）是盛放舍利子的容器，通高0.13米，呈瓜棱状，盖顶端坐一尊弟子像，内盛舍利子48颗。石函内的舍利子更是无法计数。

兴隆塔地宫发现舍利数量之多，在以往考古发现中十分罕见。佛顶骨真身舍利是最有智慧头脑的象征，是佛真身舍利中最为宝贵的。有专家指出，佛顶骨真身舍利埋入兴隆塔地宫，没有任何史料记载。而且宋代全国范围内寺庙众多，建塔就是为了供奉舍利。佛骨舍利更是众多寺院梦寐以求的圣物，它的存在直接关乎寺院的香火和等级。

因此,佛顶骨真身舍利是否真的埋在兴隆塔地宫,还是一个值得考证的问题。

图6-2-4　兴隆塔地宫北宋舍利石函

图6-2-5　兴隆塔宋代鎏金银棺

图6-2-6　兴隆塔地宫出土金瓶

2010年5月,对济宁市金乡县光善寺塔进行抢救性维修时,在塔体二层半高度发现有砖体松动,取出松动砖块,内部发现一个券顶式壁龛。壁龛宽0.72米,进深0.75米,高1.53米。龛内出土22件(套)唐代银质文物,装饰图案线条精美,做工精致。包括六角形四级佛塔1座、舍利棺1座(图6-2-7)、大唐贞观《大般涅槃经》册1函、藏经幢1件(图6-2-8)、荷叶盖三足莲形盐器1件、茶碾1套、方体箩子1套、覆莲托盏1件、凤首执壶1件。所有器物均为银质锤揲成型,器表有明显的錾刻阳纹。主体纹饰、佛经经名以及扉页上的菩萨和尾页上的毗沙门天王像、舍利棺两侧供奉菩萨和护法神像均有鎏金。藏经幢幢身为六棱柱形,每面有一尊菩萨像。提梁盖罐主体纹饰为鹦鹉,间饰精美典雅

的卷面番莲纹及蔓草纹。杯盏圈足饰连珠纹,带有明显中亚艺术风格。茶碾子两侧有两对跃马形象。茶箩子上部及两侧正面均有骑凤凰仙人形象,表现了道教或汉地传统信仰题材。《大般涅槃经》封底上,有“大唐贞观”阴刻年款。随文物出土的还有舍利子一宗。这批佛教遗物的出土,为研究唐代佛教文化和山东地区佛教的发展提供了极为难得的实物资料。

图6-2-7　光善寺塔银舍利棺

济南市龙洞寿圣院报恩塔内供有林棣开元寺东大圣院讲经论僧宗义的舍利。

聊城铁塔地宫内出土了石函、铜佛、铜器以及唐至明代铜钱等物品。石函内存有两包骨灰和银函。银函为长方形,分函顶和函体两部分,高0.072米,长0.1米,宽0.066米,壁厚0.001米。底部四角有垫脚,正面刻“辟支佛舍利”,底面刻“大明成化丙戌三日吉日造”。函内有布袋残片及石英、玛瑙、石灰石质地舍利子百余粒。

山东佛教的发展经历了魏晋、唐宋等大发展、大繁荣期,逐步形成了以青州到淄博一带、泰安到济南一带、济宁到临沂一带为核心的三大区域中心,并以三大区域为中心向周边发展延伸,形成了与我国佛

教发展一脉相承但又独具地方特色的佛教文化。在经历了几百上千年多次自然灾害、战争和人为破坏之后，佛教文化遗存破坏严重，得以完整保存的寥寥无几。将这些现存的佛教文化资源整合起来，进行归纳、整理并开展深入研究，将其蕴含的深厚的历史文化信息充分发掘出来，能够为世人讲述当时的历史精彩，为中华优秀传统文化的传承和发展尽绵薄之力。

图 6-2-8　光善寺塔银藏经幢

附　录

附录一：山东地区佛塔信息简表

序号	塔名	时代	地理方位	形制
1	四门塔	隋	济南市历城区柳埠街道神通寺遗址	方形单层亭阁式石塔
2	龙虎塔	唐 （塔基、塔身） 宋 （补建塔顶）	济南市历城区柳埠街道神通寺遗址	方形单层重檐亭阁式砖石塔
3	九顶塔	唐	济南市历城区柳埠街道灵鹫山九塔寺	八角单层亭阁式砖塔
4	辟支塔	唐 （北宋重建）	济南市长清区灵岩寺西侧	八角九层楼阁式砖塔
5	翠屏山多佛塔	唐 （明重建）	济南市平阴县玫瑰镇翠屏山玉皇阁院内	八角十三层密檐式实心石塔
6	灵岩寺塔林	北魏	济南市长清区灵岩寺西侧	墓塔林
7	慧崇禅师塔	唐	济南市长清区灵岩寺塔林内	单层重檐亭阁式石塔
8	神通寺塔林	北宋	济南市历城区柳埠街道神通寺遗址	墓塔林
9	赵戈僧人塔	清	青岛即墨市刘家庄镇赵戈庄	八角五层砖石塔

续表

序号	塔名	时代	地理方位	形制
10	中间埠双塔	清	青岛即墨市七级镇中间埠村	六角形楼阁式砖塔（大塔九层，小塔七层）
11	西王益砖塔	清	青岛胶州市马店镇西王益庄	八角七层楼阁式砖塔
12	兴隆塔	宋	济宁市兖州区文化东路兖州博物馆	八角十三层楼阁式砖塔
13	太子灵踪塔	北宋	济宁市汶上县县城西北隅宝相寺	八角十三层楼阁式砖塔
14	崇觉寺铁塔	北宋	济宁市市中区古槐街道铁塔寺街5号	铁壁砖心八角九层楼阁式铁塔
15	重兴寺塔	北宋	济宁邹城市千泉街道北关	八角九层楼阁式砖塔
16	光善寺塔	唐（宋重修）	济宁市金乡县金乡镇金山街	八角九层楼阁式砖塔
17	聊城铁塔	北宋（明重立）	聊城市东关原隆兴寺内	八角十三层楼阁式铁塔
18	莘县砖塔	北宋	聊城市莘县莘城镇镇西街	八角十三层楼阁式砖塔
19	梁村塔	唐（北宋重修）	聊城市高唐县梁村镇梁村街	八角十三层楼阁式砖塔
20	关庄塔	唐	聊城市阳谷县阎楼镇关庄	方形七级密檐式石塔
21	临清舍利宝塔	明	聊城临清市城区西北运河东岸	八角九层楼阁式砖塔
22	智藏寺塔林	北宋	青岛平度市大泽山镇高家村大泽山南麓	墓塔林
23	平原千佛塔	清	德州市平原县三唐乡崔家庙村	八角七层楼阁式砖塔
24	观音寺塔（荒塔）	后唐（宋代修缮）	菏泽市郓城县郓城镇唐塔公园	八角七层楼阁式砖塔
25	永丰塔	唐	菏泽市巨野县巨野镇文庙街	八角七层楼阁式砖塔

续表

序号	塔名	时代	地理方位	形制
26	智照禅师塔	金	济宁市人民公园	十三层密檐式石塔
27	龙泉塔	北宋	枣庄腾州市龙泉街道龙泉路	八角九层楼阁式砖塔
28	摩天岭塔	金	临沂市平邑县柏林镇巩固庄	八角七层楼阁式石塔
29	莱公和尚塔	元	日照市五莲县高泽乡院上村	六角五层楼阁式砖塔
30	虚观塔	唐	泰安市东平县银山镇昆山西麓月岩寺	方形单层石塔
31	灵芝寺墓塔	明	枣庄市山亭区善固村	八棱形石塔
32	朝阳庵墓塔	清	青岛莱阳市沐浴店镇大明村	覆钵式砖石塔
33	资庆寺塔	元（清重修）	临沂市沂水县院东头乡张家庄	六角三层砖石塔
34	田塔	唐	菏泽市成武县大田集乡田塔村	方形楼阁式石塔
35	杨庄塔	唐	济宁市汶上县军屯乡杨庄村琵琶山	单层方形亭阁式石塔
36	杨寨塔	宋	淄博市淄川区杨寨镇杨寨村	八角七层楼阁式砖塔
37	光化寺塔林（遗迹）	元	泰安新泰市天宝镇后寺庄	墓塔林遗迹
38	紫金塔	金	济南市历城区港沟街道郭家庄乡义寺	单层亭阁式石塔
39	灵岩寺小佛塔	唐	济南市长清区灵岩寺般舟殿遗址	单层楼阁式石塔
40	觉恕净山禅师墓塔	明	泰安市东平县老湖镇梁林村	八角柱形石塔
41	报恩塔	宋	济南市历下区龙洞景区鹭栖崖	方形七层密檐式石塔
42	天书观铁塔	明	初在泰安城西天书观,1973年移至岱庙后院	原为六角十三层铁塔
43	大寺村塔（遗迹）	明	聊城市阳谷县李台镇大寺村	八角十三层砖塔

续表

序号	塔名	时代	地理方位	形制
44	小青岛灯塔	清	青岛市青岛湾小青岛	三层石塔
45	华严寺塔	明	青岛市崂山区那罗延山麓华严寺	六角九层密檐式砖塔
46	比丘尼悟修灵塔	清	泰安市泰山区后石坞庙	六边形柱状石塔
47	不动定公墓塔	清	临沂市罗庄区	六棱柱形石塔
48	大佛头造像雕刻塔	北宋	济南市历下区佛慧山北麓	方形七层密檐式石刻塔
49	小龙虎塔	唐	济南市历城区柳埠街道突泉村神通寺遗址	方形七级密檐式石塔
50	乐真禅师墓塔	清	临沂市费县方城镇诸满村	八角五级石结构墓塔
51	历城阙形塔	明	济南市历城区神通寺塔林	阙形石墓塔
52	卢逊灯塔	清	烟台市芝罘区芝罘岛街道崆峒岛	圆柱形砖石塔
53	送衣塔	唐	济南市历城区柳埠街道苏家庄涌泉庵	方形单层亭阁式石塔
54	昙翁墓塔	清	聊城市高唐县涸河镇岳堂村	七级石刻塔
55	杨家安僧人墓塔	明	临沂市费县费城镇杨家安村	石砌僧人墓塔
56	真相院舍利塔(遗址)	北宋	济南市长清区文昌街道西北隅	
57	张公塔	明	济南市历城区港沟街道有兰峪村	十三层石砌墓塔
58	浩贤禅师灵塔	明	济南市章丘区垛庄镇莲花山胜水禅寺	石砌墓塔
59	小宋塔	北宋	济南市历城区神通寺遗址	方形三级石塔
60	四禅寺证盟塔	唐	济南市长清区张夏街道土屋村四禅寺	方形单层石塔
61	衔草寺塔	元	济南市长清区崮山街道关王庄衔草寺遗址	方形单层石塔

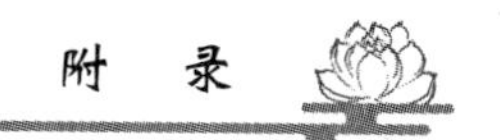

续表

序号	塔名	时代	地理方位	形制
62	法定墓塔	北魏	济南市长清区灵岩寺墓塔林	单层重檐亭阁式砖石塔
63	浩公禅师寿塔	元	济南市长清区崮山街道关王庄村衔草寺遗址	圆形石塔
64	玉泉寺塔林	明	济南历城区西营街道阁老村	石刻墓塔
65	独秀峰石塔	不详	济南市历下区龙洞风景区独秀峰	方形石砌塔
66	千佛山石塔	不详	济南市千佛山公园	变形的覆钵石刻塔
67	琵琶山石塔	唐	泰安市宁阳县鹤山乡琵琶山南麓	单层亭阁式石塔
68	小虚观塔	北宋	泰安市东平县银山镇昆山西麓月岩寺	单层石塔
69	游内山灯塔	清	青岛市团岛西南角	八角三层砖石塔
70	湛山寺药师塔	1937年	青岛市芝泉路3号湛山寺东侧	八角密檐式砖塔
71	仙姑塔	1923年	青岛市李沧区李村街道于家下河村	七层密檐式砖塔
72	库山头僧人墓塔	明	枣庄市山亭区山亭镇库山头村	八角柱形石刻塔
73	龟山僧人墓塔	金	济宁市泗水县泗张镇天齐庙村	石刻墓塔
74	西竺禅师墓塔	明	济宁市梁山县梁山镇西马庙村	三层石制墓塔
75	大云寺僧人墓塔	宋	泰安肥城市安驾庄镇小龙岗石村	石制墓塔
76	成山头灯塔	1874年	威海荣成市成山卫镇卧龙村	灯塔
77	开山前庵和尚墓塔	清	日照市东港区虎山乡四门沟村	石砌墓塔
78	寺口僧人墓塔	明	临沂市费县刘庄乡寺口村	僧人墓塔
79	柏林寺僧人墓塔	明	菏泽市郓城县随官屯镇侣楼村	僧人墓塔

附录二：山东地区寺院及寺院遗址信息简表

序号	名称	时代	地理方位	保存状况	面积（单位：平方米）
1	开元寺	唐	济南市历下区姚家街道佛慧山北麓	遗址（佛像75尊）	4200
2	兴国寺	隋（清重修）	济南市历下区千佛山北麓	完整（佛像60余尊）	3000
3	兴福寺	北宋（明重修）	济南市槐荫区段店街道小饮马庄	完整	1950
4	般若寺	隋（清代重修）	济南市历下区姚家街道龙洞山东佛峪	遗址（佛像20尊）、清代木牌坊	
5	神通寺	前秦	济南市历城区柳埠街道昆瑞山朗公峪	遗址（墓塔40余座）	24万
6	普门寺	明	济南市历城区仲宫街道北道沟村西佛山东麓	遗址	30万
7	灵鹭寺	元（明、清重修）	济南市历城区港沟街道邢村	完整	2250

续表

序号	名称	时代	地理方位	保存状况	面积（单位：平方米）
8	云台寺	元（明、清重修）	济南市历城区港沟街道芦南村	存大殿	2000
9	龙泉寺	元（明、清重修）	济南市历城区唐王街道韩西村	存大殿	
10	乡义寺	北齐（清重修）	济南市历城区港沟街道郭家庄西南朱凤山	存戏楼	1000
11	南泉寺	元代（明、清重修）	济南市历城区仲宫街道东郭而庄	存钟亭	1650
12	兴教寺	明、清重修	济南市历城区锦绣川街道纪家庄	存过厅	1000
13	真相院	北宋	济南市长清区文昌街道	存残塔	
14	灵岩寺	北魏（盛于唐宋、东晋宋重修，明清再修）	济南市长清区万德街道灵岩峪	完整，多明清制式。墓塔林为我国规模最大石质墓塔林	39000
15	龙兴寺	明	济南市长清区文昌街道陈庄	存佛殿	
16	光明寺	清	济南市长清区崮山街道大崮山村	存正殿	
17	衔草寺	清	济南市长清区崮山街道关家峪村	存佛殿、僧人墓塔	
18	四禅寺	明	济南市长清区张夏街道土屋村	存大殿等	
19	龙居寺	元	济南市长清区万德街道坡里庄	存正殿	
20	神宝寺	北魏	济南市长清区万德街道灵岩村	存佛像4尊	
21	洪福寺	明、清重修	济南市章丘区水寨镇张家林村	存大雄宝殿	3750
22	龙泉寺	明、清重修	济南市章丘区明水街道双泉路百脉泉	存梵王宫	
23	大圣寺	北宋	济南市章丘区圣井街道张乙朗村	存大殿	
24	兴国寺	明、清重修	济南市章丘区曹范街道叶亭村	完整	1656

续表

序号	名称	时代	地理方位	保存状况	面积（单位：平方米）
25	白云寺	清	济南市章丘区曹范街道山后寨村	存大殿、南配房	1000
26	洪范池寺	隋、唐	济南市平阴县洪范池镇洪范池村	遗址	3000
27	宝峰寺	元（明清重修）	济南市平阴县玫瑰镇翠屏山西麓	存佛像	
28	湛山寺	1931年筹建，1935年落成	青岛市市南区芝泉路3号太平山东麓	完整	20000
29	华严寺	明	青岛市崂山区王哥庄街道仰口社区小黄山村	完整，单檐硬山式砖木结构	4000
30	海印寺	明	青岛市崂山太清宫院内	遗址	
31	法海寺	北魏（后代重修）	青岛胶州市夏庄街道源头村	完整	8000
32	智藏寺	北宋	青岛平度市大泽山镇高家村	寺院、碑林和墓塔7座	
33	朝阳寺	唐（明重修）	青岛黄岛区灵山卫镇黄石圈村	存台基	3000
34	石门寺	金	青岛黄岛区大珠山镇胡家小庄	完整（1995年新建）	27000
35	普云寺	清	淄博市淄川区商家镇地铺村	遗址	30000
36	宝塔寺	北宋	淄博市淄川区杨寨镇杨寨村	存清代塔	
37	青云寺	明	淄博市淄川区岭子镇槲村	完整，在淄川昆仑山及焕山有寺庙遗址，皆为明清遗存	550
38	水峪寺	明	淄博市淄川区磁村镇滴水泉村	遗址	
39	清风寺	清	淄博市淄川区寨里镇孤山村	完整，依山而建	

续表

序号	名称	时代	地理方位	保存状况	面积（单位：平方米）
40	天明寺	明	淄博市淄川区西河镇田庄村	完整	1404
41	驼禅寺	南朝	淄博市淄川区鲁山国家森林公园	塔和大雄宝殿	
42	普照寺	南朝	淄博市淄川区般阳街道	遗址（唐法相宗三祖慧沼大师弘法处，淄川人，玄奘弟子）	
43	竹林寺	元	淄博市淄川区太河镇林泉村	完整	
44	龙兴寺	清	淄博市淄川区西河镇河湾村	完整	1232
45	华严寺	唐	淄博市淄川区琨仑镇磁村凤凰岭	存明清建筑，基本完整	7718
46	兴国寺	明	淄博市张店区石桥街道北石村	完整	3500
47	僧会寺	清	淄博市张店区马尚镇九级塔村		
48	洪教寺	清	淄博市博山区城西街道西冶村	完整	
49	金陵寺	北魏	淄博市临淄区朱台镇南高阳村	遗址	1000
50	施福寺	北魏	淄博市临淄区朱台镇大夫店村	存佛像	
51	西天寺	北魏	淄博市临淄区齐都镇西关村	存佛像、碑	
52	康山寺	北魏	淄博市临淄区齐陵镇朱家终村	存佛像	
53	龙泉寺	北朝	淄博市临淄区齐陵镇西龙池村	存佛像	
54	兴福寺	明	淄博市临淄区辛店街道相家庄	存佛像	
55	明教寺	唐	淄博市周村区永安街道新建中路	完整	
56	华严寺	隋	淄博市桓台县田家镇高楼村	完整	5000
57	石佛寺	清	淄博市桓台县唐山镇	存碑	
58	龙泉寺	唐	枣庄市山亭区店子镇越峰寺村	存碑	

续表

序号	名称	时代	地理方位	保存状况	面积（单位：平方米）
59	香严寺	金	枣庄市山亭区城头镇西城头村	存碑	
60	马鸣寺	北魏	东营市广饶县大王镇后屯村	遗址存碑	3500
61	太和寺	唐	东营市广饶县李鹊镇段家村	遗址	5000
62	吉祥寺	金	东营市广饶县广饶镇广饶村	遗址	10000
63	皆公寺	北魏	东营市广饶县李鹊镇赵寺村	遗址，存佛像	
64	白马寺	北魏	东营市广饶县李鹊镇小张村	遗址，存石像	
65	永宁寺	北魏	东营市广饶县李鹊镇李东村	遗址，存佛像	
66	真顶寺	唐	烟台龙口市七甲镇院下村	遗址	
67	玉泉寺	金	烟台龙口市北马镇台上李家村	残	1920
68	龙门寺	明	烟台莱阳市沐浴店镇思格庄村	残	100
69	弥陀寺	唐	烟台蓬莱市蓬莱阁	完整	744
70	林寺山寺	明	烟台海阳市郭城镇郭城村	遗址，存碑	3500
71	龙兴寺	北魏	潍坊青州市王府街道范公亭	遗址，出土佛像400尊	30000
72	广福寺	北魏	潍坊青州市云峡河回族乡后寺村	遗址，存10座墓塔	50000
73	兴国寺	南北朝	潍坊青州市黄楼镇迟家庄	遗址	20000
74	法庆寺	清	潍坊青州市王府街道营子村	遗址（清初达法和尚倡建，初名大觉寺，清《山东通志》列为四大禅院）	64000

续表

序号	名称	时代	地理方位	保存状况	面积（单位：平方米）
75	宁福寺	东晋	潍坊青州市郑母镇东倪家庄	遗址（县志记载青州最早寺院，宋代称鸿恩寺，毁于宋末）	10500
76	铁佛寺	明	潍坊青州市庙子镇上庄村	存戏楼	
77	苏峪寺	北宋	潍坊青州市王坟镇苏峪寺村	存戏楼	
78	真教寺	元	潍坊青州市昭德街道昭德街84号	完整	4100
79	仰天寺	北宋	潍坊青州市王坟镇文里村西	存三建筑	
80	南门外寺	北魏	潍坊诸城市密州街道鞠家村	遗址，存造像300尊	8000
81	兴国寺	清	潍坊诸城市贾悦镇西宋古庄	存碑	
82	白龙寺	北朝	潍坊市临朐县石家河乡小时家村	遗址	
83	西寺庙	清	潍坊市临朐县大关镇刘家营村	完整	450
84	明道寺	北宋	潍坊市临朐县大关镇上寺院村	地宫中有舍利及300余尊前朝受损佛像，存碑及造像	
85	崇圣寺	北魏（唐重建）	潍坊市临朐县纸坊镇石门坊风景区	遗址，存造像50余尊、墓塔2座	
86	卧佛寺	明	潍坊市昌乐县昌乐镇	存造像	

续表

序号	名称	时代	地理方位	保存状况	面积（单位：平方米）
87	崇觉寺	北齐	济宁市市中区古槐树街道铁塔寺街	现存铁塔、大雄宝殿、声远楼、僧王祠	
88	普照寺	金	济宁市市中区	存智照禅师塔	
89	东大寺	明	济宁市市中区越河街道上河西街	完整	10000
90	石门寺	北宋	济宁曲阜市董家庄镇杨柳村	存山门及佛殿	
91	普乐寺	隋（宋兴隆寺）	济宁市兖州区永安街道兴隆街	存兴隆塔	
92	新兴禅寺	明	济宁邹城市张庄镇辛寺村	存碑	
93	重兴寺	北宋	济宁邹城市钢山街道北关社区	存重兴塔	
94	洪福寺	明	济宁邹城市石墙镇高寺村	存大殿	
95	白泉寺	清	济宁邹城市大束镇白泉寺村	存大殿	
96	寿峰寺	金、明	济宁邹城市石墙镇后圬村	遗址	
97	朝阳寺	明	济宁邹城市田黄镇上朝阳村		
98	开元寺	明	济宁邹城市张庄镇辛寺村		
99	兴隆寺	清	济宁邹城市看庄镇兴隆寺村	存碑	
100	云岩寺	北宋	济宁市微山县两城乡东单村	遗址	
101	皇姑寺	金	济宁市嘉祥县大张楼镇彭营村	遗址	3000
102	普兴寺	元	济宁市嘉祥县纸坊镇青山村	存厅、僧房	600
103	龙泉寺	元	济宁市嘉祥县纸坊镇马市村	残	600
104	卧佛寺	明	济宁市嘉祥县卧龙山镇卧佛寺村	存造像	
105	宝相寺	唐（宋重修）	济宁市汶上县县城西北隅	存太子灵踪塔	
106	灵光寺	明	济宁市泗水县中册镇栲栳堌山	遗址	500

续表

序号	名称	时代	地理方位	保存状况	面积（单位：平方米）
107	泉林寺	明	济宁市泗水县泉林镇泉林村	存大门、文桥等	2500
108	安山寺	元	济宁市泗水县泗张镇安山西侧	存大殿	5000
109	莲台寺	唐	济宁市梁山县梁山镇西马庙村	遗址	500
110	青山寺	北宋	济宁市嘉祥县纸坊镇青山西麓	坐东面西，依山而建，层层递升，三进院落，建筑以东西为轴线，罗列两侧	
111	法兴寺	唐	济宁市梁山县梁山风景区	遗址，存大殿基址及明清遗存	
112	普照寺	唐宋（金重修）	泰安市泰山区泰前街道普照寺路	完整	6642
113	谷山寺	金	泰安市泰山区泰前街道和尚庄	遗址，存碑	
114	天封寺	金	泰安市泰山区邱家店镇旧县村	遗址，存碑	
115	藏峰寺	元	泰安市岱岳区粥店街道芷峰寺村	遗址	320
116	南龙胸寺	明	泰安市岱岳区道朗镇和顺村	遗址	900
117	大佛寺	元	泰安市岱岳区粥店街道大佛寺村	完整	4500
118	白马寺	明	泰安市岱岳区道朗镇北张村	完整	4900
119	阴佛寺	唐	泰安市岱岳区角峪镇苏家庄	遗址，存造像	
120	崇福寺	唐	泰安新泰市羊流镇秦家庄	遗址	4000
121	大明寺（云谷寺）	金	泰安新泰市泉沟镇莲花山	遗址	2800

续表

序号	名称	时代	地理方位	保存状况	面积（单位：平方米）
122	光化寺	北魏（唐鼎盛，金废，元重修）	泰安新泰市天宝镇后寺村	现存山门，东西配殿及大殿	1800
123	明光寺	唐	泰安新泰市谷里镇北谷里村	残存行宫	2704
124	正觉寺	北	泰安新泰市岳家庄乡光明东村	完整	2400
125	石城寺（白马寺）	元	泰安新泰市石莱镇白马山	存钟楼、塔林	1800
126	石佛寺	唐	泰安肥城市石横镇对福山村	遗址	2500
127	精礼寺	唐	泰安肥城市安驾庄镇张候村	遗址	8000
128	竹林寺	北宋	泰安肥城市湖屯镇栖幽寺村	遗址，存造像	660
129	圣佛寺	北宋	泰安肥城市石横镇圣佛寺村	遗址	
130	固留寺	北宋	泰安肥城市王庄镇邓庄村	遗址	
131	大云寺	北宋	泰安肥城市安驾庄镇小龙岗石村	遗址，存僧人墓	7000
132	幽栖寺	唐	泰安肥城市湖屯镇栖幽寺村	遗址，存钟楼	7000
133	空杏寺（涌泉寺）	金	泰安肥城市仪阳乡空杏寺村	完整	6700
134	牛山寺	北宋	泰安肥城市王瓜店镇印山子庄	残	500
135	兴善寺	清	泰安肥城市汶阳镇砖舍村	残存大殿5间	
136	寿峰寺	金	泰安市宁阳县华丰镇灵山顶	完整	3250
137	瑞相寺	明	泰安市东平县银山镇西汪村	遗址	1000
138	磨香寺	明	泰安市东平县银山镇山赵村	完整	1600
139	崇圣寺	明	泰安市东平县梯门乡芦泉屯村	存大殿三间	1500
140	建福寺	唐	泰安市东平县斑鸠店镇六工山	存山门殿、前殿、后殿及弥勒院等	2500

续表

序号	名称	时代	地理方位	保存状况	面积（单位：平方米）
141	珠山寺	清	泰安市东平县旧县乡山窝村	存山门	3600
142	月岩寺	唐	泰安市东平县银山镇琨山西麓	完整	1500
143	蟠龙寺	清	泰安市东平县戴庙乡中金山村	完整	4200
144	栲栳寺	明	泰安市东平县老湖镇辛店铺村	存玉皇阁	2400
145	兴化寺	清	泰安市东平县接山乡上套村	存僧舍	2400
146	朝阳寺	明	威海荣成市宁津镇宁津所村	遗址	1200
147	黄山寺	北宋	威海乳山市下初镇里庄村	遗址	6600
148	磴山寺	清	日照市东港区虎山乡四门沟村	遗址，存和尚墓	10000
149	光明寺（铁塔寺）	明	日照市五莲县大榆林村西五莲山	完整（主体建筑有山门、三门、西厢房、伽蓝楼、仁王殿、藏经楼等）	6000
150	净土寺	唐	日照市莒县棋山乡棋山村	遗址，存大殿	2500
151	定林寺（刘勰故居）	北魏	日照市莒县浮来山镇浮来山	完整（三进院，砖木硬山顶，依次为山门、大雄宝殿、关帝祠、泰山行宫、菩萨殿、三爷殿、校经楼、禅堂、十王殿、三教堂等）	4900
152	古佛寺	不详	日照市莒县陵阳镇古佛寺村	不完整	

续表

序号	名称	时代	地理方位	保存状况	面积（单位：平方米）
153	金堂寺	南北朝	济南市莱城区寨里镇寨里南村	遗址	
154	后小寺	北宋	临沂市兰山区南坊镇后小寺村	遗址	30000
155	宝泉寺	北宋	临沂市罗庄区双月街道湖朱陈村	遗址，存墓塔	12900
156	夏梦寺	后唐	临沂市沂南县苏村镇夏梦寺村	遗址，存碑	
157	法云寺	宋（明清重修）	临沂市沂南县张庄镇大岱村	遗址，存碑	2400
158	上岩寺	唐	临沂市沂水县龙家圈乡肖家沟村	遗址	5000
159	资庆寺	元	临沂市沂水县院东头乡张家庄	遗址，存塔	
160	神山寺	金	临沂市兰陵县神山镇神山村	遗址	20000
161	朗公寺	元	临沂市兰陵县大仲村镇车庄村	遗址	40000
162	灵峰寺	元	临沂市兰陵县下村乡山北头村	残	3500
163	泉源寺	北朝	临沂市兰陵县尚岩镇安庄村	遗址，存佛像	
164	龙泉寺	明	临沂市费县费城镇东寺湾村	存大殿基址	
165	兴圣寺	北齐	临沂市费县方城镇诛满村	遗址，存碑	
166	城头寺	明	临沂市费县胡阳乡城头村	遗址，存碑	
167	中山寺	清	临沂市蒙阴县坦埠镇中山村	较完整	2330
168	大宁寺	明	聊城临清市先锋街道大寺街	完整	10000
169	麻佛寺	明	聊城临清市松林镇麻佛寺村	遗址，存碑	
170	普善寺	明	聊城临清市代湾镇陈官营村	遗址，存碑	
171	海慧寺	清	聊城市阳谷县阿城镇南街	较完整	10000
172	观音寺	清	聊城市东阿县姜楼乡广粮门村	存大殿	
173	净觉寺	清	聊城市东阿县刘集镇皋上村	完整	770
174	邢家佛寺	明	聊城市高唐县尹集镇邢佛堂村	遗址，存碑	1890
175	兴国寺	唐	聊城市高唐县梁村镇梁村街	遗址，存塔、碑	

续表

序号	名称	时代	地理方位	保存状况	面积（单位：平方米）
176	报恩寺	明	聊城市高唐县赵寨子乡解庄村	遗址，存碑	
177	大觉寺	唐	滨州市无棣县无棣镇东南关	存海丰塔遗址	
178	圣会寺	清	滨州市无棣县柳堡乡常家庄	遗址，存碑	
179	龙华寺	北魏	滨州市博兴县陈户镇赵楼村	遗址，存造像	560000
180	乡义寺	北魏	滨州市博兴县陈户镇张官村	存造像	900
181	般若寺	北朝	滨州市博兴县店子镇般若村	遗址	2500
182	张吴寺	北朝	滨州市博兴县店子镇张吴村	遗址	1200
183	兴国寺	北魏	滨州市博兴县湖滨镇寨高村	遗址存造像	11000
184	同光寺	北朝	滨州市博兴县湖滨镇寨郝村	遗址	6000
185	高昌寺	北朝	滨州市博兴县湖滨镇院庄村	遗址	1600
186	李韩寺	北朝	滨州市博兴县兴福镇李韩家村	遗址	3600
187	兴福寺	北朝	滨州市博兴县兴福镇兴福村	遗址	3600
188	兴益寺	北朝	滨州市博兴县兴福镇兴益村	遗址，存碑	2000
189	东鲁寺	北朝	滨州市博兴县曹王镇东鲁村	遗址	1600
190	东河东寺	北齐	滨州市博兴县博兴镇东河东村	遗址	1200
191	鲍陈寺	隋	滨州市博兴县博兴镇鲍陈村	遗址	3000
192	焦集寺	唐	滨州市博兴县庞家镇镇焦集村	遗址	2500
193	康坊寺	金	滨州市博兴县阎坊镇康坊村	遗址	1200
194	董官寺	元	滨州市博兴县店子镇董官村	遗址	600
195	大佛寺	唐	菏泽市巨野县巨野镇文庙街	存永丰塔	
196	石佛寺	北齐	菏泽市巨野县大义镇小徐营村	存造像	
197	柏林寺	明	菏泽市郓城县随官屯镇吕楼村	存僧人墓	
198	观音寺	五代	菏泽市郓城县郓城镇胜利街	存荒塔	

续表

序号	名称	时代	地理方位	保存状况	面积（单位：平方米）
199	亿城寺	北齐	菏泽市鄄城县箕山镇李胡同村	遗址	2400
200	开元寺	明	菏泽市东明县沙窝乡八里寺村	遗址，存碑	
201	观音寺	明	菏泽市东明县城关镇黄军营村	遗址，存碑	
202	龙骨寺	明	菏泽市东明县城关镇杨旺营村	遗址，存碑	

附录三：山东地区石窟造像信息简表

序号	名称	时代	地理位置	造像数量
1	佛洞子	宋	济南市莱城区里辛街道棋山观村南岭玉皇庙	5
2	龙洞、东佛峪摩崖石刻造像	南北朝至明	济南市历下区禹登山龙洞风景区龙洞峪、东佛峪	40
3	朝阳洞	明	济南市平阴县洪范池镇铧山东北部山顶	1
4	路相白云洞	清	济南市历城区彩石街道路相村东北	1
5	仙人堂	不详	济南市历城区彩石街道路相村东北仙人堂山上	1
6	东龙洞佛隐寺	金	济南市历城区港沟街道章锦街道蟠龙村东蟠龙山上	1
7	佛手观音洞	明	济南市历城区柳埠街道水泉村西南蟠龙山北麓	1
8	白云洞	元	济南市历城区西营街道丁家峪村西	1
9	黄花山造像	宋、金、元、明、清	济南市历城区仲宫街道朱家庄村西南黄花山西麓山腰	2
10	子房洞	不详	济南市历城区仲宫街道东沟村东北	1

续表

序号	名称	时代	地理位置	造像数量
11	大佛寺石刻像	隋、唐、宋、明、清	济南市历城区仲宫街道老庄村北的青桐山半山腰	1
12	朝阳洞造像	明	济南市历城区仲宫街道仁里村东北桃花山上	1
13	观音洞	清	济南市历城区仲宫街道西许村西卧虎山南麓偏东山崖上	1
14	黄洞	不详	济南市历城区仲宫街道西许村西卧虎山南麓山崖上	1
15	玉皇洞	清代	济南市历城区仲宫街道西许村西卧虎山南麓中部崖壁上	1
16	左而玉皇宫	不详	济南市历城区仲宫街道左而庄村北青龙山主峰阳	1
17	黄石公洞石刻	宋、明、清	济南市平阴县东阿镇黄山村东黄山顶部	1
18	天池山仙人洞	不详	济南市平阴县洪范池镇书院村东天池山上	1
19	张山头村白衣洞	清	济南市平阴县孔村镇张山头村西菩萨山上	1
20	张山头村普济寺	明	济南市平阴县孔村镇张山头村西菩萨山上	1
21	黄河洞石刻	明、清	济南市平阴县孝直镇刁鹅岭村东南九峪山	1
22	九顶山青峰洞	明、清	济南市市中区党家庄街道刘家林村九顶山山麓	1
23	赵八洞石刻造像	宋、元、明、清	济南市章丘区官庄街道赵八洞村南	1
24	立山石室	明	济南市章丘区文祖街道水龙洞村西立山顶	1
25	金牛洞造像	北宋	济南市长清区崮云湖街道段庄村东山上	1
26	圣佛洞造像	隋、唐、宋	济南市长清区归德街道胡同店村东南	5
27	虎头山石刻造像	北宋	济南市长清区归德街道麒麟村南虎头山北麓山腰	5
28	麻衣洞	明	济南市长清区万德街道万北村东鸡鸣山南	1
29	文昌洞	明	济南市长清区文昌街道东王社区东文昌山	
30	莲花洞石窟造像	南北朝、隋、唐	济南市长清区五峰山街道石窝村东山西崖壁上	21

续表

序号	名称	时代	地理位置	造像数量
31	璇玑洞石刻造像	明、清	济南市长清区孝里街道岚峪村东大峰山上	1
32	玄天上帝殿造像	北宋	济南市长清区孝里街道岚峪村东大峰山上	1
33	松山石窟寺	不详	济宁市泗水县苗馆镇松山村西鲸山北侧	2
34	黄山十八罗汉洞造像	北宋、清	济宁邹城市看庄镇九山庄村黄山西南	1
35	凤凰山石窟佛造像	隋、唐	济宁邹城市张庄镇圣水池村北约200米	1
36	南山仙人洞	南北朝、宋、明、清	临沂市蒙阴县蒙阴街道	9
37	由吾仙洞	元、明	临沂市郯城县红花镇	2
38	望海楼	元、明	临沂市郯城县红花镇	2
39	桲椤峪石窟像	隋、唐	临沂市沂水县沙沟镇	5
40	峡沟南山石窟	南北朝、隋、唐	青岛市黄岛区滨海街道峡沟村南	21
41	峡沟西山石窟	南北朝、隋、唐	青岛市黄岛区滨海街道峡沟村西1500米处的西山半山坡独立巨石上	30
42	石屋子沟石窟	南北朝、隋、唐	青岛市黄岛区滨海街道石屋子沟村东北约700米大珠山风景名胜区	17
43	熟阳洞	清	青岛市崂山区王哥庄街道庙石社区西北	1
44	姚保显造石屋	南北朝	青岛平度市大泽山镇北随村北	44
45	白佛山石窟造像	隋、唐、宋	泰安市东平县东平镇焦村北白佛山之阳	129
46	铧山石刻造像	明、清	泰安市东平县旧县乡旧县村北1500米铧山上	1
47	黄石崖石刻	明、清	泰安市东平县老湖镇梁林村西，蚕尾山中段	7
48	华岩洞石窟造像	明	泰安市东平县梯门乡西沟流村西北	53
49	三尖洞石佛造像	明	泰安肥城市湖屯镇吕仙村北陶山北崖	3
50	棒槌洞石佛造像	不详	泰安肥城市湖屯镇栖幽寺村东北陶山西侧	3
51	陶山朝阳洞石佛造像	宋、元、明、清	泰安肥城市湖屯镇栖幽寺村东北600米陶山主峰西北侧	25

续表

序号	名称	时代	地理位置	造像数量
52	观音洞石刻	明、清	泰安肥城市湖屯镇栖幽寺村东北陶山西侧	2
53	王庄阳谷洞	清	泰安肥城市王庄镇阳谷洞村东	1
54	鹤山朝阳洞	明	泰安市宁阳县鹤山乡后鹤山村西200米鹤山山阳	1
55	槎山云光洞石窟	北宋、金	威海荣成市人和镇沙口村北，槎山风景区龙井顶南麓	1
56	槎山千真洞石窟	北宋、金	威海荣成市人和镇响湾村西南，槎山风景区主峰清凉顶北部半山腰天然石壁上	1
57	仙姑庙石窟造像	隋、唐	潍坊市临朐县寺头镇	1
58	黑山石窟造像	隋、唐	潍坊青州市邵庄镇	1
59	后寺石窟	南北朝	潍坊青州市云门山街道广福寺路	1
60	驼山石窟造像	南北朝、隋、唐	潍坊青州市云门山街道昊天宫	638
61	云门山石窟造像	隋、唐	潍坊青州市云门山风景区	272
62	群仙洞石窟	明	烟台海阳市留格庄镇前望海村村东菩萨顶	4
63	青山石窟	不详	烟台莱阳市城厢街道西林格村东约青山顶部	1
64	神仙洞石窟造像	金、元	烟台莱州市柞村镇大台头村东北的寒同山山阳	8
65	龙溪园遗址	明	烟台莱州市柞村镇窝洛子村西北、临疃河水库东南角龙溪园(老母洞)	6
66	邢家黄花村石窟	北宋、元	烟台莱州市柞村镇邢家黄花村西北的高埠岩石	1
67	老鸦山神仙洞石龛	不详	烟台市牟平区姜格庄街道南磨山村东刁儿山(当地人俗称老鸦山)	1
68	神仙窗石龛	不详	烟台市牟平区姜格庄街道珠山后村西南架子山西坡半山腰处	1
69	连环盆石窟	不详	烟台市牟平区莒格庄镇北宋家口村东北	8

续表

序号	名称	时代	地理位置	造像数量
70	烟霞洞	金、元	烟台市牟平区昆嵛镇东殿后村西南昆嵛山国家森林公园	1
71	大岚石窟	元、明	烟台招远市张星镇大岚村东的鹰嘴山前半坡	1
72	五阳山石窟寺	清	淄博市博山区石马镇	2
73	石佛院造像	魏晋、明、清	淄博市沂源县燕崖镇	1
74	北山寺石佛庙	清	淄博市淄川区昆仑镇	1

附录四:山东地区摩崖造像信息简表

序号	名称	年代	地理方位	造像数量
1	玉函山摩崖造像	隋、唐、元	济南市市中区十六里河街道分水岭村玉函山北麓	34
2	狮耳山奉国寺造像	隋、唐	济南市平阴县东阿镇狮耳山东麓奉国寺后方崖壁	3
3	八盘山摩崖造像	明	济南市莱芜区雪野街道娘娘庙村南小山	5
4	双峰庵佛峪造像	不详	济南市历城区彩石街道东泉村东南的山上	1
5	石佛殿造像	元	济南市历城区彩石街道黄歇村西山上	1
6	云台寺摩崖造像	元、明、清	济南市历城区港沟街道芦南村南云台山北麓山凹	3
7	九顶塔摩崖造像	隋、唐	济南市历城区柳埠街道秦家庄灵鹫山九顶塔中华民族欢乐园	25
8	千佛崖石刻造像	隋、唐	济南市历城区柳埠街道南山村北白虎山东麓半山腰处	104
9	皇姑庙石刻造像	宋	济南市历城区柳埠街道西坡村西山高台上	1
10	太甲山摩崖造像	南北朝、隋、唐	济南市历城区仲宫街道东郭而庄村南太甲山山阴	3

续表

序号	名称	年代	地理方位	造像数量
11	北玉潭寺遗址摩崖造像	隋、唐	济南市历城区仲宫街道东泉鲁村西青云桥下西侧(龙王庙遗址)	5
12	小西天石刻造像	明	济南市历城区仲宫街道王府庄村西约1500米的西峪中	1
13	和尚洞摩崖造像	不详	济南市历城区仲宫街道西许村西卧虎山东南麓	1
14	佛慧山大佛头摩崖造像	宋	济南市历下区千佛山街道佛慧山山阴	1
15	黄石崖造像	南北朝	济南市历下区千佛山街道罗袁寺顶悬崖山阴	22
16	千佛山摩崖造像	隋、唐、明、清	济南市历下区千佛山街道千佛山风景名胜区兴国禅寺内	13
17	开元寺摩崖造像	隋、唐	济南市历下区文东街道千佛山景区佛慧山开元寺	27
18	天池山石窟造像	隋、唐	济南市平阴县洪范池镇书院村东天池山上	2
19	书院村东流泉摩崖造像	隋、唐	济南市平阴县洪范池镇书院村东天池山仙人洞东南山腰处	1
20	翠屏山多佛塔	隋、唐	济南市平阴县玫瑰镇翠屏山宝峰寺	3
21	西八井石刻造像	隋、唐	济南市章丘区官庄乡西八村东北山崖壁上	1
22	团山摩崖造像	北宋	济南市长清平安街道团山北侧山腰	19
23	石秀山摩崖石刻	北宋	济南市长清区崮云湖街道陆家庄村东石秀山南麓山腰	1
24	土屋摩崖造像	明	济南市长清区归德街道土屋村东南山口处	1
25	马山摩崖造像	元、明	济南市长清区马山	1
26	灵岩寺积翠证盟龛造像	隋、唐	济南市长清区万德街道灵岩寺景区	1
27	石麟山石刻造像	宋	济南市长清区文昌街道石麟山北麓	1
28	水泉峪造像	元	济南市长清区文昌街道水泉峪村东北山上	1
29	云峰庵摩崖石刻	金	济南市长清区孝里街道岚峪村东大峰山上	2

续表

序号	名称	年代	地理方位	造像数量
30	四禅寺证盟功德造像	隋、唐	济南市长清区张夏街道土屋村北侧山腰	1
31	三唐山摩崖造像	隋、唐	济南市长清区张夏街道三唐山南侧山麓	1
32	王泉摩崖造像	南北朝、隋、唐、金	济南市长清区张夏街道王家泉村东山上	6
33	方山朝阳洞摩崖造像	明	济南市长清区万德街道方山上	2
34	老公寨摩崖造像	明	济南市长清区万德街道老公寨山上	1
35	九龙山摩崖造像	隋、唐	济宁曲阜市小雪街道武家村	7
36	石佛峪造像	隋、唐	济宁市泗水县苗馆镇石佛峪村鱼山之阳	3
37	石佛峪摩崖石刻	明	济南市莱城区牛泉镇绿矾崖村北	1
38	泉源寺摩崖造像	五代	临沂市兰陵县尚岩镇	15
39	黄崖山摩崖造像	南北朝	临沂市蒙阴县垛庄镇	2
40	黄云山摩崖造像	南北朝	临沂市蒙阴县垛庄镇	1
41	石屋山摩崖造像	南北朝	临沂市蒙阴县垛庄镇双石峪村石屋山自然村北睡虎山南侧	1
42	富贵顶摩崖石刻	南宋、金	临沂市平邑县魏庄乡南武城村西南富贵顶	3
43	姚家峪摩崖造像	清	临沂市沂南县岸堤镇姚家峪	1
44	上佛住摩崖造像	隋、唐	临沂市沂南县双堠镇	6
45	朝山摩崖造像	清	临沂市沂南县双堠镇朝山	4
46	九仙山大佛	宋	日照市五莲县户部乡庄沟村西	1
47	阴佛寺造像	隋、唐	泰安市岱岳区角峪镇阴佛寺	8
48	理明窝摩崖造像	隋、唐	泰安市东平县斑鸠店镇裴窝村北六工山阳	14
49	棘梁山石刻	南北朝、隋、唐、宋	泰安市东平县戴庙乡司里村棘梁山上	600
50	东豆山石刻	不详	泰安市东平县东平镇东豆山村北东豆山阳	1
51	龙山石窟造像	隋、唐	泰安市东平县东平镇牌子村大清河北岸龙山阳	1

续表

序号	名称	年代	地理方位	造像数量
52	西豆山石刻	不详	泰安市东平县东平镇西豆山村北西豆山	1
53	灵泉寺摩崖造像	宋、明	泰安市东平县梯门乡东沟流村西北	6
54	银山摩崖造像	北宋	泰安市东平县银山镇前银山村北银山阳	3
55	卧牛山摩崖造像	隋、唐	泰安市东平县银山镇卧牛山村西山上	3
56	鹤山老虎洞摩崖造像	金、元	泰安市宁阳县鹤山乡后鹤村西鹤山半山腰	1
57	仙人桥周围摩崖石刻	明、清	泰安市泰山区(泰山镇泰山村)舍身崖半山腰	1
58	凤凰山南摩崖石刻	清	泰安市泰山区(泰山镇泰山村)泰山顶天街北侧凤凰山南侧崖壁上	1
59	阁老顶摩崖造像	北宋、金	泰安新泰市放城镇郗家峪村南2000米阁老山山顶	3
60	石门坊摩崖造像	隋、唐、元	潍坊市临朐县城关街道谭马庄村西石门坊风景区	59
61	偏龙头摩崖造像	南北朝	潍坊市临朐县寺头镇	18
62	磐石造像	北宋	潍坊市临朐县寺头镇	44
63	马庄摩崖造像	隋、唐	潍坊市临朐县五井镇	3
64	西大河摩崖石刻	明	潍坊市临朐县五井镇南环路	2
65	歪头崮石刻	隋、唐、宋、清	潍坊市临朐县沂山镇	1
66	尧王山摩崖造像	隋、唐、宋	潍坊青州市邵庄镇	5
67	齐公堂造像	隋、唐	潍坊青州市邵 庄镇青州雀山风景区	2
68	仰天山佛光崖线刻佛像	北宋	潍坊青州市王坟镇文里村西仰天山上	1
69	西迟格庄石佛造像	明	烟台海阳市凤城街道西迟格庄村西北	1
70	大基山摩崖造像	南北朝	烟台莱州市程郭镇下董家村西南大基山	7
71	云峰山摩崖石刻	南北朝、宋、明、清	烟台莱州市文峰路街道山宋家村南云峰山风景区	1
72	盖平山摩崖石刻	南北朝	烟台莱州市柞村镇东朱宋村东北	2

续表

序号	名称	年代	地理方位	造像数量
73	盟格庄村佛龛石造像	不详	烟台莱州市柞村镇盟格庄村西北	3
74	抱犊崮摩崖造像	隋、唐	枣庄市山亭区北庄镇上十河村抱犊崮崮顶南侧	7
75	雪山摩崖造像	隋、唐	枣庄市山亭区山城街道善崮村北雪山东南悬崖	1
76	龙牙山石刻	隋、唐	枣庄市山亭区水泉镇尚岩村南龙牙山上	5
77	观音阁、龙山摩崖造像	隋、唐	枣庄滕州市柴胡店镇，观音阁位于老君院村西、母猪山北侧；龙山摩崖石刻造像位于龙山头村南龙山顶部	1
78	奚山摩崖造像	魏晋南北朝	枣庄市薛城区陶庄镇千山头村奚公山东坡	1
79	坡子摩崖石刻造像	明	淄博市临淄区金山镇	2
80	唐山摩崖造像	隋、唐	淄博市沂源县东里镇	7
81	荆山罗汉崖摩崖造像	隋、唐	淄博市沂源县南麻镇	1
82	水峪寺造像	明	淄博市淄川区磁村镇滴水泉村西北	4
83	金鸡峪摩崖造像	明	淄博市淄川区岭子镇	1
84	石佛峪造像	明	济南市历城区十六里河街道矿村东北	1

附录五：山东地区摩崖刻经信息简表

序号	名称	时代	地理方位	描述
1	将军石刻经	北朝	泰安新泰市光化寺东	花岗岩石质，东面为题记，南面为佛经、题记、《大品般若经》，隶书，直书13行，每行4～7字
2	四佛名刻经		泰安新泰市光化寺东	已毁坏，拓本在台湾，隶书观世音佛、阿弥陀佛、弥勒佛、大空王佛
3	映佛岩刻经	北齐	泰安新泰市光化寺附近迎佛山顶巨石上	花岗岩石质，分上、中、下三层，风化严重，上层为题名，中层为题记，下层为佛经。直书14行，每行7字，为隶书
4	泰山经石峪摩崖刻经	北齐	泰安市泰山斗母宫北经石峪坊东石坪上	面积2064平方米，国内现存规模最大佛经摩崖石刻，内容为《金刚般若波罗密经》，44行，共2799字，字径0.5米，以隶书为主，现存1021字
5	洪顶山摩崖刻经(茅峪刻经)	北齐	泰安市东平县旧县乡屯村铺村东北茅峪内南北崖壁上	北以僧安道一刻经为主，南以印度僧法洪刻经为主，面积1000平方米，共6处，《文殊般若经》2处，佛名9处，集经文、佛名、铭赞、题名碑于一体

续表

序号	名称	时代	地理方位	描述
6	徂徕山摩崖刻经	北齐	泰安新泰市天宝镇后寺山村北1000米	是一处集经文、佛名、题记于一体的摩崖石刻。映佛山顶和光化寺林场内2处。前者刻《般若波罗密经》,后者刻《大般若经》,均为隶书
7	铁山摩崖刻经	北周	济宁邹城市西北1000米铁山南坡	面积1805平方米,内容为经文、石颂、颂文、题名,《大集经·穿菩提品》,现存800字,隶书为主,安道一书写
8	岗山摩崖刻经	北周	济宁邹城市西北1000米岗山北坡	有题名以及《佛说观无量寿经》《入楞伽经》《散刻入楞伽经》
9	葛山摩崖刻经	北周	济宁邹城市北葛山西麓	面积173平方米,刻经内容为《维摩诘所说经》,隶书、楷书相间
10	峄山摩崖刻经	北齐	济宁邹城市峄山镇峄山	五华峰《文殊般若经》,存79字,刻于北齐。妖精洞《文殊般若经》刻于北齐武平年间(570~576)。还有唐代石刻3处,宋、金、元石刻20余处

附录六：寺院及遗址信息分类统计

据初步统计，山东地区目前共发现寺院及寺院遗址204处左右。

1.按地区分：

济南28处、泰安34处、滨州19处、潍坊16处、淄博23处、济宁25处、临沂14处、聊城10处、菏泽8处、青岛7处、东营6处、烟台5处、日照5处、枣庄2处、威海2处。

2.按时代分：

东汉(25～220年)：1处；

魏晋南北朝(220～589年)：40处；

隋朝(581～618年)：6处；

唐朝(618～907年)：23处；

金代(1115～1234年)：13处；

宋朝(960～1279年)：21处；

元朝(1271～1368年)：18处；

明朝(1368～1644年)：45处；

清朝(1616～1912年)：24处。

3.按保存现状分：

完整:32处；

残损(有遗留建筑物):108处；

遗址:64处。

附录七：山东地区经幢信息简表

序号	名称	时代	地理方位	描述
1	莱芜蔡家镇经幢	唐	济南市莱城区张家洼街道蔡家镇村	八棱形石幢，通高3.62米，幢身周长2.24米，每面宽0.28米，覆莲底座。幢檐呈八角形，翼角翘起。经文内容为《佛顶尊胜陀罗尼经》
2	灵岩寺唐天宝经幢	唐	济南市长清区灵岩寺	基座为方形，每面雕巨型铺首，其上为圆形束腰仰覆莲座，束腰部刻有八面佛像
3	灵岩寺唐大中经幢	唐	济南市长清区灵岩寺	上层仰月，覆莲瓣之间的圆形束腰，有五个云头形壶门，内饰高浮雕，南向有一伎乐飞天，东西两侧各雕一鹰身人首、双翼展开的羽人，一持排箫，一持檀板。南北二面为雄雌二龙
4	灵岩寺北宋经幢	北宋	济南市长清区灵岩寺千佛殿前	二级幢身四面开龛，雕刻立佛、坐佛。经文内容为《如来庄严智慧光明入一切佛境界经》

续表

序号	名称	时代	地理方位	描述
5	嘉祥经幢	北宋	济宁市嘉祥县马村乡山营村	由基座、幢身、宝盖三部分组成，通高0.87米。基座呈方形，四角各高浮雕一卧狮，仰莲座置于基座上，呈半球形，直径0.39米，厚0.12米，通体浮雕莲花瓣，形似一朵盛开的莲花。幢身呈八棱柱形，置于仰莲座上。经文内容为《般若波罗密多心经》
6	大佛寺经幢	唐	潍坊市临朐县民主路出土（现藏临朐县博物馆）	青石材质，幢冠损毁，仅剩基座及大部分幢体，幢体呈八棱柱型，覆莲基座，鼓形束腰周围刻有八面佛像，面部圆满，与长清灵岩寺唐天宝经幢相似。残高1.75米，周长2.68米。幢体每面宽约0.34米，每面刻经文500字左右，八面约3700字。经文内容为《佛顶尊胜陀罗尼经》
7	福胜寺经幢	唐	济南市平阴县福胜寺旧址	高约3米，周长2.52米，幢上雕有22尊菩萨像，八面隶书刻满经文，尖地阴刻。第一部分为幢座，覆莲状。其下应为须弥座，已失。第二部分为幢身，呈八面体柱状。每面宽0.3米。第三部分为幢顶，已失。刻字共约3600字。经文内容为《佛顶尊胜陀罗尼经》
8	黑山经幢	清	淄博市淄川区太河乡黑山村翠屏山南侧	石结构，通高3.2米，由幢顶、幢身和基座三部分组成。六角型底座，幢体5层，中间有两层仰莲束腰，三层石柱由下往上逐层内收，幢顶有覆莲帽，上为葫芦形幢刹
9	黎济寨经幢	宋	德州禹城市张庄镇黎吉寨村	石结构，八棱柱形，高约6米，共14节。正方形莲花底座，座上雕有8力士，经幢雕刻细致，造型逼真。经文内容为《佛顶尊胜陀罗尼经》
10	长清四禅寺经幢	宋	济南市长清区张夏街道土屋村	经幢分基座、幢身、宝盖三部分，共6节。文字刻在东、东南、南、西南、西、西北6面，每面7行。北面和东北面是敕牒和题记。其中5个为宋代题记

续表

序号	名称	时代	地理方位	描述
11	后周显德经幢	后周	滨州市惠民县开元寺(现藏山东博物馆)	经幢共3节,分宝盖、幢身、基座,均为八棱柱形,幢身正面上部刻有小龛,龛内有佛坐于须弥座上,伞盖八面刻字。经文内容为《佛顶尊胜陀罗尼经》
12	聊城后周经幢	后周	聊城市东昌府区李太屯道路改造建设中发现(现藏聊城市博物馆)	通高2.4米,八面柱形,每面宽约0.11米,高1.03米。经文23列,共642字。经文内容为《佛顶尊胜陀罗尼真言》《佛说佛顶尊胜陀罗尼真言》

参考文献

一、著作

1.山东大学东方考古研究中心编:《东方考古》第3集,科学出版社2006年版。

2.山东省文物局编:《山东文化遗产》,科学出版社2013年版。

3.庄明军等:《青州佛教文化与龙兴寺佛教造像》,中国文史出版社2012年版。

4.张淑敏、肖贵田主编:《山东白陶佛教造像》,文物出版社2011年版。

5.山东临朐山旺古生物化石博物馆编著:《临朐佛教造像艺术》,科学出版社2010年版。

6.赵朴初:《中国大百科全书名家文库·中国佛教》,中国大百科全书出版社2013年版。

7.丁海燕主编:《文化济宁》,故宫出版社2016年版。

8.萧默主编:《中国建筑艺术史》,文物出版社1999年版。

9.屈浩然:《中国古代高建筑·画册》,天津科学技术出版社1991年版。

10.陈可畏:《寺观史话》,社会科学文献出版社2012年版。

11.零落尘编著:《汉传佛寺建筑文化》,中国建筑工业出版社2013年版。

12.白化文:《汉化佛教与佛寺》,北京出版社2003年版。

二、期刊文章

1.赵正强:《山东广饶佛教石造像》,《文物》1996年第12期。

2.常叙政:《山东无棣出土北齐造像》,《文物》1983年第7期。

3.常叙政、李少南:《山东省博兴县出土一批北朝造像》,《文物》1983年第7期。

4.夏名采、杨华胜、刘华国:《青州龙兴寺佛教造像窖藏清理简报》,《文物》1998年第2期。

5.王华庆、庄明军:《析龙兴寺造像中的“螭龙”》,《文物》2000年第5期。

6.宫德杰:《临朐县博物馆收藏的一批北朝造像》,《文物》2002年第9期。

7.临朐县博物馆:《山东临朐明道寺舍利塔地宫佛教造像清理简报》,《文物》2002年第9期。

8.杜在忠、韩岗:《山东诸城市佛教石造像》,《考古学报》1994年第2期。

后　记

笔者从对山东地区古塔的研究入手,开始积累有关佛教建筑及其遗存的相关资料,并对佛教发展史以及与佛教有关的知识进行关注。《山东地区的古塔》一文发表时,我已对山东地区佛教在时间轴纵向的发展和地域发展横向的比较有了基本的认识,同时也激发了自己对佛教发展特别是对佛教建筑及遗存的研究兴趣。

佛塔这种单一佛教遗存的发展演变离不开佛教发展的大环境、大背景,更离不开寺院建筑布局的小环境。它既是一种独特的建筑形式,也是佛教寺院在布局上不可或缺的重要组成部分。

随着研究资料的逐步积累以及对佛教发展认识的逐步深入,我产生了开展更广泛、更深入研究的愿望,继而从研究古塔的发展演变和时代特色,到研究古塔在寺院中的布局;从研究寺院的时代特点,到研究寺院中造像、经幢等佛教遗物。研究范围进一步扩大,材料积累的缺口也越来越大。研究资料的缺失倒逼着自己去查阅、收集、整理更多的研究资料,在弥补知识不足的同时,也解决了困扰自己的一个又一个疑惑。

对佛教造像的研究，由时间轴纵向研究时代特点到由地域分布开展横向比较研究。造像从形式可分为石窟造像、摩崖造像、单体造像等，从材质可分为石造像、白陶造像、金属造像等。山东地区现存的石窟造像、摩崖造像以及考古发现的窖藏坑出土佛像数量较多，但保存完整的不是很多。经过众多学者及造像爱好者的研究梳理，山东地区佛教造像高超的艺术性和明显的时代、地域特点基本展现出来，其发展规律也比较明显。

经过几年断断续续的积累和研究，《山东地区佛教建筑及遗存研究》一书的雏形基本形成。作为学术研究成果出版不是很贴切，但看作自己多年努力付出的一个总结却非常适合。

任何研究工作都是在不断创新和发展过程中进行的，几乎没有完美无瑕的学术，也不可能做到尽善尽美。虽然在积累、研究过程中付出很多，但由于自己学识的浅薄和研究水平的局限，书中难免存在或多或少的缺陷，尚不能达到让学界及个人满意的程度，敬请业界的专家、学者予以批评指正。

随着科技水平的不断提高和田野考古工作的积极推进，下一步的研究工作将获得更多、更好、更新的素材，现有的研究成果也将得到进一步完善。学无止境，我对佛教建筑及遗存研究的脚步不会停止，研究的兴趣只会越来越浓，视野只会越来越开阔。期盼着能与学界专家、学者开展更多、更全面的交流，不断提高自己的学术和研究水平。期望在弥补自己不足的同时，逐步缩小与同行学者的差距。

本书的整理出版得到山东省文物保护修复中心王传昌主任及诸位领导、学界专家的鼎力支持，在此一并表示感谢。

吕承佳

2023年2月4日